蔬菜 生产机械化 范例和机具选型

SHUCAI SHENGCHAN JIXIEHUA FANLI HE JIJU XUANXING

陈永生　李　莉　主编

中国农业出版社

资助项目

"十二五"国家科技支撑计划课题"园艺作物机械化高效栽培关键技术研究与示范"（2013BAD08B03）

江苏现代农业（蔬菜）产业技术体系农机装备创新团队

中国农业科学院基本科研业务费项目"蔬菜生产机械化水平评价体系研究"

序 言

　　《蔬菜生产机械化范例和机具选型》一书，图文并茂，详实地介绍了国内外蔬菜机械的情况以及一些实施机械化的典型范例，是近些年来关于蔬菜生产机械化的最综合的专著和集大成者。对本书的出版，我感到十分欣喜，并向关心农业机械化和蔬菜产业的广大读者推荐。

　　蔬菜是人们每天不可或缺的重要农产品。近年来蔬菜产业取得较快发展，目前全国种植面积已达2 000万hm²以上，总产量达到7亿t以上，基本保证了全国各地全年市场供应；蔬菜品种日益丰富，质量不断提高，为提升城乡居民生活质量作出了重要贡献。蔬菜产业吸纳了大量劳动力就业，为增加农民收入也发挥了积极作用。因此，蔬菜产业是农业农村经济的重要支柱产业，同时又是一个重要的民生产业。

　　当前，我国农业发展进入了加快转型升级的历史阶段。农业面临成本上升、环境超载、动能减退的新的挑战，对此要推进农业供给侧结构性改革，提高农业的效益和竞争力。从蔬菜产业看，蔬菜生产是传统的劳动密集型产业，劳动力成本不断上升将成为蔬菜生产发展尤为突出的制约因素。因而可以说，蔬菜产业的根本出路在于机械化。在看得见的未来，随着一代老农民的消失，传统的以人工为主的生产模式必将发生根本性的转变，让位于以科学技术为支撑的机械化生产新模式。

　　与我国主要粮食作物相比，目前蔬菜生产机械化水平非常低，全国蔬菜生产综合机械化水平据测算在20%左右，而小麦、水稻、玉米的综合机械化率到2016年分别达到了94%、79%、83%。与世界农业发达国家相比，美欧和日本等国除部分果菜和叶菜的收获尚需人工外，蔬菜生产各环节都基本实现了机械化。

因此，提升蔬菜生产机械化水平是当前蔬菜产业发展的一项紧迫任务，具有重要的战略意义。主要体现在以下三个方面：一是蔬菜产业实施科学发展的需要。今后蔬菜生产发展主要不是靠扩大面积和传统生产方式，而要靠科学技术和现代生产方式，因而机械化将成为促进蔬菜产业内涵式发展的主要支撑之一。二是提高蔬菜劳动生产率的根本途径。机械化可以大幅度降低生产的人工成本和其他投入成本，大幅度提高劳动生产率和技术水平，从而大大提高蔬菜的产量、质量和效益。三是蔬菜生产实现标准化、集约化、专业化的保证。机械化将与新科技的开发应用融会贯通、相互推进，机械化的一个重要功能是靠机械新技术来实现以往靠人工"精耕细作"所无法达到的高水平，通过科技来进一步提高土地产出率和资源利用率。

随着现代科学技术的进步，机械化的内涵也将进一步拓展。农业是一个"自然＋人工"的生态系统，作业对象是具有无限变量、无规则的生物体，在这个意义上，农业机械化将是对科技水平要求最高的行业之一。它将包含自动化、信息化、智能化等前沿学科，以互联网、物联网、空间遥感和定位系统等为依托，形成一个综合的天地人机系统，从而带来农业包括蔬菜生产的新一代生产方式。与此相联系，必将产生一代有知识、有技术的新农民，我们现在面临的"将来谁来种地"的问题，将随着一代新农民的回归而得到解决。

面对现实，我国的蔬菜生产机械化起步较晚，目前存在着诸多难题，主要表现在：一是蔬菜农艺复杂，农机研制难；二是蔬菜种植规模小，农机作业难；三是农艺农机脱节，农机配套难；四是农机技术储备少，新科技应用难。对此，我们必须脚踏实地，从头干起，攻坚克难，以改革创新为动力，着力培育新动能、打造新业态、扶持新主体、拓展新渠道，加快推进蔬菜机械从设计、制造到应用的转型升级，促进蔬菜产业现代化发展。应抓住以下几个关键点：

——规划先行。国家有关主管部门要尽快制定蔬菜生产机械化的战略规划和顶层设计，明确总方向，确定重点领域，抓住关键技术，瞄准起步突破口。

——创新农艺与农机结合新机制。蔬菜生产机械化发展的关键环节是农艺与农机相结合，蔬菜新品种选育、栽培模式与农机设计制造、作业方式等应互为条件、相互促进，应大力推动农业与农机部门间、企业间、企业与科研单位间的协同创新和集成创新。

——加强蔬菜机械技术的攻关和创新。蔬菜农艺复杂，既是农机发展的难点，也恰恰是它的创新点，应着眼于蔬菜生产全程机械化，不断在各个生产环节取得技术突破和进步；创新应用优化设计、优质材料、精密制造、自动控制，推进农业机械向高水平农机更新换代；引入信息技术、智能技术、识别技术、遥感技术等现代新技术，开发精准农业机械装备。

——创新社会化服务的新的生产组织形式。针对人多地少、生产规模小的国情，20世纪90年代在农机作业领域首创了小麦跨区作业的社会化服务模式，现已广泛用于大田粮食作物，开辟了小生产农业同样能够实现规模化、现代化生产的道路。方向已经指明，道路已经开通，模式可以复制，在相比粮食作物更为分散的蔬菜领域，大力发展多种形式的农机社会化服务模式，发展规模化新型蔬菜生产经营主体和专业化农机服务经营主体，是解决蔬菜生产机械化面临一系列矛盾的重要途径。

——政策保证。各级政府部门应在中央关于农业机械化发展的大政方针和《农业机械化促进法》指引下，制定加快蔬菜机械化发展的鼓励支持政策，激励蔬菜和农机行业不断创新前行，吸引更多的各方资源向蔬菜生产机械化倾斜投入，促进蔬菜机械化有一个飞跃发展。

以上有感而发，是为序。

中国蔬菜协会会长　薛亮

2017年8月

前　言

　　我国是世界上最大的蔬菜生产国和消费国,蔬菜播种面积和产量分别占世界总量的40%和50%以上。蔬菜产业已经从昔日的"家庭菜园"逐步发展成为主产区农业农村经济发展的支柱产业,保供、增收、促就业的地位日益突出。当前我国蔬菜供求总量基本平衡,但是在我国农业已进入高投入、高成本阶段的背景下,用工难、用工贵的问题在蔬菜生产中越发突显。随着我国城镇化进程的加快和农村富余劳动力向非农产业的转移,劳动力成本不断增大将成为蔬菜生产发展的主要制约因素,也将成为实行机械化的直接推动力。因此,加快蔬菜生产机械化是当前蔬菜产业发展的一项紧迫任务。

　　本书从农机农艺融合的视角出发,系统梳理了蔬菜机械化生产典型模式、各环节的适用机具和相关规范,旨在为蔬菜生产经营和推广人员普及相关信息知识。

　　全书共分三章。第一章为国外蔬菜种植标准化模式,主要介绍了日本、澳大利亚与荷兰等国蔬菜机械化种植模式;第二章为典型蔬菜生产机械,主要介绍国内外蔬菜耕整、种植、田间管理、环境调控、收获和收获后处理等环节的典型适用机具;第三章为国内典型蔬菜生产机械化解决方案,主要介绍江苏、山东、四川、上海和北京等地的一些露地和设施蔬菜生产机械化解决方案。附录部分为蔬菜机械化生产典型规范规程,主要介绍近年来各地制定的与蔬菜机械化生产相关的规范规程,包括菜地建设、装备配置、机具作业等技术规程。

　　本书在编著过程中,得到了"十二五"国家科技支撑计划"园艺作物机械化高效栽培关键技术研究与示范"课题组的大力支持,同时,江苏省农机具开发应用中心、江苏省农业科学院农业设施与装备研究所、北京市农业机械试验鉴定推广站、南京市农业机械技术推广站、成都市农林科学院农业机械研究所、武汉市农业机械化技术推广指导中心、上海市农业科学院设施园艺研究所、南京市蔬菜科学研究所等单位为编者提供了丰富的素材，在此一并表示感谢！

我国蔬菜生产机械化事业刚刚起步，发展艰难，非常需要用开创精神来进行研究。本书是对我国蔬菜机械化生产模式与机具的初步归纳整理，希望起到抛砖引玉的作用，为蔬菜机械化生产技术的普及与推广贡献一份力量。

限于作者水平，书中疏漏和不妥之处在所难免，恳请读者予以批评指正，以期后续能够修改完善。

编者

2017年8月1日

目 录

序言
前言

第一章

国外蔬菜种植标准化模式

1.1 日本蔬菜标准化种植模式

日本蔬菜种植也曾面临和我国相似的种类多、田块小、农艺差异性大、机具配套难、机械化推广难等问题，日本农林水产省在20世纪90年代集成了甘蓝、白菜、莴苣等11种蔬菜的标准化种植模式并普及推广（表1-1），从而有力地推动了日本蔬菜生产机械化的进程。其技术核心是垄距（图1-1）的系列化，从45cm到120cm都是15cm的倍数，而且以90cm和120cm为多，便于规范作业机械的轮距，方便各作业环节装备的配套。

表1-1　日本蔬菜标准化种植模式　　　　　单位：cm

作物	每垄行数	垄距	垄高	行距	株距	适合的高性能农业机械
甘蓝	1行	45	0~20	—	30~45	全自动移栽机 甘蓝收获机 蔬菜种植管理车
		60	0~20	—	30~45	
	2行	120	0~25	45~60	30~45	
白菜	1行	60	0~20	—	30~50	全自动移栽机 蔬菜种植管理车 白菜收获机
	2行	120	0~25	40~60	30~50	

（续）

作物	每垄行数	垄距	垄高	行距	株距	适合的高性能农业机械
莴苣	1行	45	0~20	—	25~40	全自动移栽机 蔬菜种植管理车
	2行	90	0~15	40~45	25~40	
菠菜	4~6行	120	0~20	15~20	2~15	非球状叶菜收获机 蔬菜种植管理车
	平垄栽培	无限制	0~20	15~20	2~15	
葱	大葱 1行	90	10~25 (30~50)	—	2~4	大葱收获机
		120	10~25 (30~50)	—	2~4	
	青葱 3~6行	120	0~20	15~35	15cm以下	非球状叶菜收获机
萝卜	1行	60	0~20	—	25~35	萝卜收获机 蔬菜种植管理车
	2行	120	0~25	30~60	25~35	
胡萝卜	2行	60	0~20	15~20	5~15	胡萝卜收获机 蔬菜种植管理车
	4行	120	0~25	15~20	5~15	
牛蒡	1行	60	0~15	—	5~15	牛蒡收获机
甘薯	1行	90	20~30	—	25~40 (15~35)	通用薯类收获机
马铃薯	1行	75	15~30	—	20~35	通用薯类收获机
芋头	1行	120	0~25 (35)	—	30~60	通用薯类收获机

注：1.垄高"0"为不起垄的情况。

2.大葱的垄高为起垄后移栽时沟的深度；（30~50）为收割时培土后的沟深度。

3.甘薯的株距（15~35）为移栽穴盘苗时的数值。

4.芋头的垄高"0"为相对平垄而言，"25"为移栽时的垄高，（35）为培土后的垄高。

5.蔬菜种植管理车在行间进行中耕、培土、追肥作业，需要行距在45cm以上。

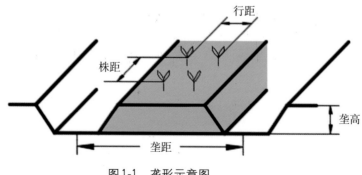

图1-1 垄形示意图

1.2　蔬菜地固定道作业模式

固定道作业，就是依据农艺和农机具的作业要求，在田间规划出固定的、间隔均匀的作物生长带和固定的机具行走带，从而保证在作物生产的耕、种、管、收各环节，机械行走在固定的车道上，作物生长带不被车轮压实。国外多年的实践表明，固定道作业是一项高效节能、保土、增产的技术，有利于农业的可持续发展。其优点体现在：改善土壤结构，增强土壤水分的入渗能力，促进增产；减少功率浪费，提高作业质量和作业效率；有利于农田作业的便捷化、精密化、自动化。澳大利亚、美国、英国、荷兰等国已在棉花、玉米、小麦、蔬菜等多种作物生产中成功推广应用固定道作业模式。2003 年，澳大利亚固定道作业面积已达到 100 万 hm^2。以下介绍两个在蔬菜生产中应用固定道作业模式的例子。

1.2.1　澳大利亚塔斯马尼亚蔬菜地固定道作业模式

澳大利亚塔斯马尼亚蔬菜农场采用的是 2m 轨距的固定道作业模式（图 1-2），耕、种、管、收各环节的作业机械的轮距也都是 2m，仅作业幅宽有所不同，但作业幅宽和轮距之间是整数倍的关系。如耕整地、播种、移栽、收获时的作业幅宽是 6m，植保作业的幅宽是 18m。

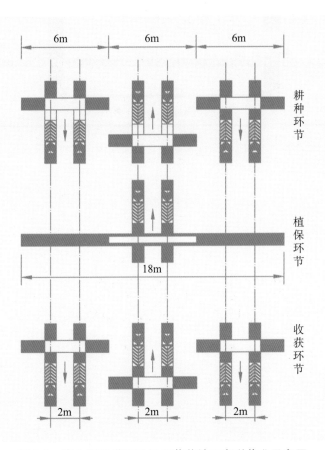

图 1-2　澳大利亚塔斯马尼亚蔬菜地固定道作业示意图

1.2.2 荷兰Langeweg有机农场蔬菜地固定道作业模式

位于荷兰西南部的Langeweg有机农场在种植胡萝卜、洋葱、豌豆、菠菜时实行的是3.15m轨距的季节性固定道作业模式（图1-3）。所谓季节性固定道作业即并非所有环节的作业都是在固定道上，轨距3.15m的机耕道只是对应春季基肥撒施、苗床精整、播种移栽和田间管理环节时的作业，作业幅宽都是6.3m，而在秋季收获以及耕翻时都是不按固定道作业，包括垄作胡萝卜整地时采用的作业幅宽是3m（垄距是0.75m）。

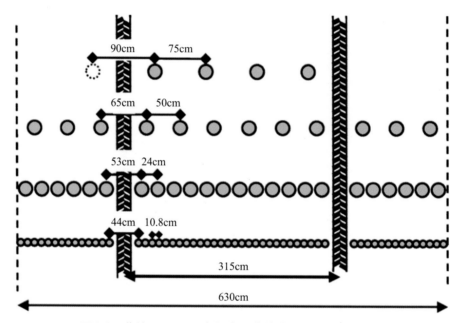

图1-3　荷兰Langeweg有机农场蔬菜地固定道作业示意图

第二章 典型蔬菜生产机械

本章主要针对蔬菜土壤栽培模式，从耕整地、种植、田间管理、环境调控、收获及收获后处理6个方面，介绍各类蔬菜生产机械或装备的功能及特点、国内外相关生产企业（限于篇幅，只列举了部分企业）、典型机型的技术参数。

2.1 耕整地机械

蔬菜耕整地阶段包括直播和定植前的清茬、平整、施基肥、耕翻、起垄、铺管、覆膜等作业环节。环节之多、作业质量要求之高远非一般粮食作物所比。蔬菜生长要求有合理的耕层土壤结构，而且为便于排水及田间管理，通常要起垄（作畦），并要求垄面平整、垄沟宽直，为后续机械播种、移栽作业创造条件。耕整地的标准化、规范化是蔬菜生产全程机械化的基础。

2.1.1 清茬机械

在蔬菜直播或定植前，需要对残茬进行清除、灭茬处理。常用的清茬机械有秸秆粉碎还田机和灭茬还田机两类。

2.1.1.1 秸秆粉碎还田机

目前该机技术比较成熟，采用皮带侧边传动，通过刀轴的高速旋转带动刀轴上的动刀与罩壳上定刀的相互作用实现秸秆的粉碎、抛撒和还田。根据需要,机器后部盖板能够打开或关闭,并有可互换刀具以供选择,以适应不同的作业要求。根据工作部件的不同分为锤爪型、直刀型、弯刀型三种。

（1）锤爪型

◆ 功能及特点

锤爪型机型利用高速旋转的锤爪来冲击砍切、锤击、撕剪秸秆,一般质量比较大,旋转时转动惯量很大,粉碎效果好,粉碎后的秸秆以丝絮状为多。锤爪分两爪和三爪两种,一般采用高强度耐磨铸钢,强度大且耐磨,抗冲击力强,寿命长,主要用于粉碎硬质秸秆,对沙石地适应性好。

◆ 相关生产企业 （企业列名按照先国内后国外的原则,并以汉语拼音为序,下同）

常州汉森机械有限公司、黑龙江德沃科技开发有限公司、河北双天机械制造有限公司、河北圣和农业机械有限公司、河南豪丰机械制造有限公司、石家庄农业机械股份有限公司、西安亚澳农机股份有限公司、盐城市盐海拖拉机制造有限公司等。

◆ 典型机型技术参数

以1JH-250型秸秆粉碎还田机为例（图2-1）:

外形尺寸（长×宽×高,mm）	1460×1300×1150		
整机重量（kg）	980	配套动力（kW）	66～88
刀轴转速（r/min）	1 800	作业幅宽（cm）	250
生产率（hm²/h）	1～3	锤爪数量（把）	22

图2-1　1JH-250型秸秆粉碎还田机

（2）直刀型

◆ 功能及特点

直刀型机型一般以砍切为主、滑切为辅的切割方式工作,通常两把或三把直刀为一组,间隔较小,排列较密,高速旋转时有多个直刀式甩刀同时参与切断粉碎,粉碎效果较好,尤其针对有一定的韧性类秸秆更为明显。

◆ 相关生产企业

河北双天机械制造有限公司、河北圣和农业机械有限公司、河南豪丰机械制造有限公司、江苏银华春翔机械制造有限公司、马斯奇奥（青岛）农机制造有限公司、山东奥龙农业机械制造有限公司等。

◆ 典型机型技术参数

以1JQ-165型秸秆粉碎还田机为例（图2-2）：

外形尺寸（长×宽×高，mm）	1900×1350×1050
整机重量（kg）	530
配套动力（kW）	37～47
工作幅宽（cm）	1.65
刀轴转速（r/min）	1 850
生产率（hm²/h）	1～2
直刀数量（把）	96

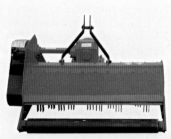

图2-2 1JQ-165型秸秆粉碎还田机

（3）弯刀型

◆ **功能及特点**

弯刀型机型粉碎效果不如直刀型，动力消耗大，但其捡拾功能比直刀强，在秸秆还田要求不高，地表不平的地块比较适用。

◆ **相关生产企业**

德州市华北农机装备有限公司、故城县利达农业机械有限公司、河北太阳升机械有限公司、山东大华机械有限公司、上海康博实业有限公司、潍坊市宏胜工贸有限公司等。

◆ **典型机型技术参数**

以旄牛4J185型秸秆粉碎还田机为例（图2-3）：

外形尺寸（长×宽×高，mm）	1390×2300×1070
整机重量（kg）	580
配套动力（kW）	52～66
工作幅宽（cm）	185
刀轴转速（r/min）	2 200
生产率（hm²/h）	0.5～0.8
直刀数量（把）	76

图2-3 旄牛4J185型秸秆粉碎还田机

以康博1GQ-145型旋耕机为例（图2-4）：

外形尺寸（长×宽×高，mm）	1520×820×950
配套动力（kW）	26～37
工作幅宽（cm）	145
耕深（cm）	20～25
作业效率（hm²/h）	0.2～0.27

注：适合设施和露地的旋耕、灭茬、整地作业，碎土效果好。

图2-4 康博1GQ-145型旋耕机

2.1.1.2 灭茬机

灭茬还田技术即利用根茬粉碎还田机具，将收割后遗留在地里的作物根茬粉碎后直接均匀地混拌于8～10cm深的耕层中，实现清茬。一般较为常用的是旋耕灭茬机，专用于配后动力输出拖拉机的一种集旋耕和灭茬为一体的机械。从结构上大致可分为反转灭茬型和双轴灭茬型两类。

（1）反转灭茬型

◆ 功能及特点

该机型的动力由中间齿轮箱变速，通过侧齿轮箱传动给刀轴。灭茬刀的安装有刀座式和刀盘式两种，工作时刀轴反向旋转，完成旋耕和碎茬。

◆ 相关生产企业

丹阳良友机械有限公司、江苏沃野机械制造有限公司、江苏清淮机械有限公司、江苏亿科农业装备有限公司、连云港市连发机械有限公司、连云港市兴安机械制造有限公司等。

◆ 典型机型技术参数

以1GF-180型反转灭茬机为例（图2-5）：

外形尺寸（长×宽×高，mm）	2100×865×1250
整机重量（kg）	395
配套动力（kW）	51.5～62.5
工作幅宽（cm）	180
刀轴转速（r/min）	230
生产率（hm²/h）	0.5～0.8
刀片数量（把）	50

图2-5　1GF-180型反转灭茬机

（2）双轴灭茬型

◆ 功能及特点

该机型有双刀轴，两轴的转速不同，刀具不同，可分别实现灭茬和旋耕作业，达到了一机两用的目的，减少机具进地次数，降低了耕作费用。

◆ 相关生产企业

常州常旋机械有限公司、河北神耕机械有限公司、江苏清淮机械有限公司、连云港市连发机械有限公司、连云港市兴安机械制造有限公司、连云港市云港旋耕机械有限公司、南昌旋耕机厂有限责任公司、山东大华机械有限公司等。

◆ 典型机型技术参数

以1GKNM-200型双轴灭茬机为例（图2-6）：

外形尺寸（长×宽×高，mm）	1800×2120×1240
整机重量（kg）	720
配套动力（kW）	47.8～73.6
工作幅宽（cm）	200
旋耕刀轴转速（r/min）	226
灭茬刀轴转速（r/min）	488

图2-6　1GKNM-200型双轴灭茬机

2.1.2 平地机械

良好的蔬菜地应满足土地平整、不易积水、易于排灌的要求。菜地平整可改善土表情况，有利于改善菜田灌溉情况，提高肥料的利用率，减少病虫害，提高蔬菜产量。土地平整的方法中以激光平地方法应用最为普遍，推广较多。

◆ **功能及特点**

在平地机上配备激光装置，在作业中与安装在地边适当位置的激光发射器保持联系，即可根据接受激光光束位置的高低，自动调整平地铲的高低位置，即切土深度，从而大大提高平地质量。

◆ **相关生产企业**

北京盛恒天宝科技有限公司、河南豪丰机械制造有限公司、江苏徐州天晟工程机械集团有限公司、天宸北斗卫星导航技术（天津）有限公司、西安科维工程技术有限公司等。

◆ **典型机型技术参数**

以1JP250型激光平地机为例（图2-7）：

外形尺寸（长×宽×高，mm）	3000×2650×3650
整机重量（kg）	800
工作幅宽（cm）	250
配套动力（kW）	55～65
平整度（mm/100m²）	±15
最大入土深度（cm）	24
工作效率（hm²/h）	1.3～1.8

图2-7 1JP250型激光平地机

2.1.3 基肥撒施机械

蔬菜栽培茬次多、产量高，对土、肥、水的要求也较高，特别对肥料的需求比粮食作物要多。最常见的施肥方法为作物栽培前撒施基肥，在作物整地前施入田间，能满足蔬菜作物一茬甚至多茬的栽培需要。根据抛撒对象形态的不同，在实际应用中撒施机械可分为粉状肥撒施机、颗粒肥撒施机和厩肥撒施机。

2.1.3.1 粉状肥撒施机

◆ **功能及特点**

粉状肥（通常指有机肥）撒施机一般采用离心圆盘式结构，肥料靠链板传动或自重从肥料箱移至撒肥圆盘，利用圆盘的高速旋转所产生的离心力将肥料抛撒出去。此类机型也可用于颗粒肥的撒施。

◆ **相关生产企业**

连云港市神龙机械有限公司、山东禹城阿里耙片有限公司、现代农装科技股份有限公司、佐佐木爱克赛路机械（南通）有限公司、筑水农机（常州）有限公司、日本得利卡（DELICA）公司等。

◆ **典型机型技术参数：**

以佐佐木CMC500型撒肥机为例（图2-8）：

配套动力（kW）	24 ～ 38
动力输出轴转速（r/min）	540
肥箱容积（L）	500
最大撒肥宽度（m）	5

图2-8 佐佐木CMC500型撒肥机

以禹城自走式有机肥撒施机为例（图2-9）：

配套动力（kW）	20
外形尺寸（长×宽×高，mm）	4000×1500×1600
载肥量（t）	1.5
最大撒肥宽度（m）	5
行驶速度（km/h）	2 ～ 15

图2-9 禹城自走式有机肥撒施机

注：整机结构紧凑，载肥量大，适合在设施内、小地块中作业。

2.1.3.2 颗粒状肥撒施机

◆ **功能及特点**

颗粒状肥（通常指颗粒状复合肥或化肥）撒施机一般采用摆杆式结构形式，配备搅拌器，使肥料颗粒均匀持续地进入下料口，在下料口的下方设置有排肥摆杆，通过排肥摆杆的往复摆动实现肥料的均匀撒施。也可借用前述的离心圆盘式撒施机。

◆ **相关生产企业**

常州市田畈农业机械制造有限公司、富锦市大宇农业机械有限公司、泰州樱田农机制造有限公司、中农高夫生物科技（北京）有限公司、格兰集团（Kverneland Group）等。

◆ **典型机型技术参数**

以TFS-200/1000型撒肥机为例（图2-10）：

配套动力（kW）	11 ～ 88
最大载重（kg）	61 ～ 84
肥箱容积（L）	200 ～ 1 000
最大撒肥宽度（m）	12（大颗粒肥）、8（小颗粒肥）

图2-10 TFS-200/1000型撒施机

2.1.3.3 厩肥撒施机

◆ **功能及特点**

厩肥撒施机一般为车厢式，普遍体积庞大，装肥量大，要消耗较大的牵引机车动力，车厢肥料通过输送机构输送到抛撒部位，经锤片式或桨叶式抛撒器的高速旋转撞击抛撒到田间，适合于平原大农场的撒施作业。

◆ **相关生产企业**

哈尔滨万客特种车设备有限公司、上海世达尔现代农机有限公司、天津库恩农业机械有限公司、德国Fliegl公司等。

　　◆ **典型机型技术参数**

以2FSQ-10.7（TMS10700）厩肥撒施机为例（图2-11）：

配套动力（kW）	59～92	最大载重（kg）	8 600
工作速度（km/h）	3～7	最大撒肥宽度（m）	4
撒肥量（t/hm²）	18～100		

图2-11　厩肥撒施机

2.1.4　耕地机械

　　为提高起垄作业质量，降低工作阻力，一般蔬菜地起垄前需先进行耕翻作业。根据作业的深浅可分为深松（切土深度≥30cm）、深耕（切土深度25～30cm）和浅耕（切土深度10～20cm）。

2.1.4.1　深松机

　　蔬菜地长期种植后将形成较厚的犁底层，导致后茬作物的根系不能深扎，土壤蓄水保墒能力差，因而每隔两三年要深松一次，以打破犁底层，加深耕深，熟化底土。按工作原理深松机可分为振动式和非振动式。其中非振动式比较常见，主要分为凿式、箭形铲式、翼铲式、全方位、偏柱式5种类型，各地可根据当地土壤类型、作业方式等要求，选用不同类型的深松机具。由于目前生产型号较多，下面仅以凿式深松机为例进行介绍。

　　◆ **功能及特点**

　　凿式深松机的工作部件是有刃口的铲柱和安装在其下端的深松铲，两相邻铲柱和松土铲横向按一定间隔配置，作业后两铲间有未松土埂。与大功率配套产品的两相邻铲柱和松土铲的间隔一般为40～50cm，最大作业深度为45～50cm。

　　◆ **相关生产企业**

　　保定双鹰农机有限责任公司、江苏清淮机械有限公司、连云港市连发机械有限公司、连云港市兴安机械制造有限公司、内蒙古宁城长明机械有限公司、黑龙江德沃科技开发有限公司、山东大华机械有限公司、山东玉丰农业装备有限公司、山东奥龙农业机械制造有限公司、中国一拖集团有限公司等。

　　◆ **典型机型技术参数**

以1S-230型深松机为例（图2-12）：

外形尺寸（长×宽×高，mm）	1900×2370×1200
整机重量（kg）	315
工作幅宽（cm）	230
配套动力（kW）	66～73.5
深松铲数（把）	4
铲间距（cm）	58
工作效率（hm²/h）	0.46～1.15

图2-12 1S-230型深松机

2.1.4.2 犁

蔬菜起垄前一般要进行深耕整地处理，保证土壤耕层深厚。一般采用犁进行耕翻，将地面上的作物残茬、秸秆落叶及一些杂草和施用的有机肥料一起翻埋到耕层内与土壤混拌，经过微生物的分解形成腐殖质，改善土壤物理及生物特性等。由于大多数铧式犁只能单方向翻垡，故目前推广应用较多的为翻转犁。

◆ **功能及特点**

翻转犁一般在犁架上安装两组左右翻垡的犁体，通过翻转机构使两组犁体在往返行程中交替工作，形成梭形耕地作业。按翻转机构的不同可分为机械式（重力式）、气动式和液压式，其中液压式应用较广泛。下面仅以液压式翻转犁为例进行介绍。

◆ **相关生产企业**

赤峰市顺通农业机械制造有限公司、馆陶县飞翔机械装备制造有限公司、河南金大川机械有限公司、辽宁现代农机装备有限公司、山东山拖凯泰农业装备有限公司等。

◆ **典型机型技术参数**

以1LF-435型翻转犁为例（图2-13）：

外形尺寸（长×宽×高，mm）	3600×1600×1800
整机重量（kg）	1 050
耕幅（cm）	1.4～1.5
配套动力（kW）	73.5～88.2
犁体数（个）	左右各4
犁体间距（cm）	88
工作速度（km/h）	8～12
犁架高度（mm）	760

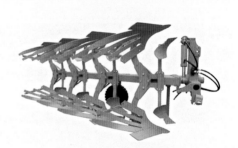

图2-13 1LF-435型翻转犁

2.1.4.3 旋耕机械

蔬菜地起垄前，为提高垄形的作业质量，一般先进行表面僵硬土层的旋耕破碎作业，为起垄作业降低工作阻力和提高作业质量做准备。表土浅耕作业通常采用微耕机或旋耕机进行，两者根据作业场合的不同因地制宜选配。

（1）微耕机

◆ **功能及特点**

大多采用小于6.5kW柴油机或汽油机作为配套动力，多为自走式，采用独立的传动系统和行走系统，一台主机可配套多种农机具，具有小巧、灵活的特点，适合设施内独户或联户购买使用。

◆ **相关生产企业**

北京多力多机械设备制造有限公司、必圣士（常州）农业机械制造有限公司、重庆华世丹机械制造有限公司、东风井关农业机械有限公司、山东华兴机械股份有限公司、浙江宁波培禾农业科技股份有限公司、浙江勇力机械有限公司等。

◆ **典型机型技术参数**

以1WG5.5-100型微耕机为例（图2-14）：

外形尺寸（长×宽×高，mm）	1545×880×915
整机重量（kg）	85
配套动力（kW）	5.5（柴油机）
配套发动机额定转速（r/min）	3 000
刀辊转速（r/min）	90/120/70
耕深（cm）	10～12

图2-14　1WG5.5-100型微耕机

（2）旋耕机

◆ **功能及特点**

旋耕机有多种不同的分类方法，按刀轴的位置可分为卧式、立式和斜置式，目前，卧式旋耕机的使用较为普遍。

◆ **相关生产企业**

河北双天机械制造有限公司、河南豪丰机械制造有限公司、江苏丹阳良友机械有限公司、江苏连云港市连发机械有限公司、江苏连云港市兴安机械制造有限公司、江苏清淮机械有限公司、江苏盐城市盐海拖拉机制造有限公司、江苏正大永达科技有限公司、内蒙古宁城长明机械有限公司、山东大华机械有限公司、西安亚澳农机股份有限公司等。

◆ **典型机型技术参数**

以1GKN-160型旋耕机为例（图2-15）：

外形尺寸（长×宽×高，mm）	1000×1700×1050
整机重量（kg）	260
配套动力（kW）	25.7～36.8
耕幅（cm）	150
耕深（cm）	8～14

图2-15　1GKN-160型旋耕机

2.1.5 整地机械

菜地整地，即在前述耕作环节的基础上，对土地进行进一步精细整理，以致达到蔬菜种植的土地整理要求，通常包括旋耕后土垡的精细耙地和起垄定型两个环节。

2.1.5.1 耙

耙地的作用在于疏松表土，耙碎耕层土块，解决耕翻后地面起伏不平的问题，使表层土壤细碎，地面平整，保持墒情，为起垄或播种打下基础。一般用圆盘耙在耕翻后连续作业。

◆ **功能及特点**

以成组的凹面圆盘为工作部件，耙片刃口平面跟地面垂直并与机组前进方向有一可调节的偏角。作业时在拖拉机牵引力和土壤反作用力作用下耙片滚动前进，耙片刃口切入土中，切断草根和作物残茬，并使土垡沿耙片凹面上升一定高度后翻转下落。

◆ **相关生产企业**

黑龙江融拓北方机械制造有限公司、雷肯农业机械（青岛）有限公司、辽宁现代农机装备有限公司、南昌春旋农机有限责任公司、内蒙古宁城长明机械有限公司、山东大华机械有限公司、徐州农业机械制造有限公司等。

◆ **典型机型技术参数**

以Rubin 9/250 U型圆盘耙为例（图2-16）：

重量（不含镇压器）（kg）	1480
配套动力（kW）	66.1 ～ 91.8
工作幅宽（mm）	2.5
耙片数（个）	20
耙片直径（mm）	620
耕深（cm）	8 ～ 15

图2-16　Rubin9/250 U型圆盘耙

2.1.5.2 起垄（作畦）机

菜地经过清茬、施肥、耕翻、耙之后，还要整地起垄，其目的主要是便于灌溉、排水、播种、移栽及管理。起垄的垄形规格视当地气候条件（雨量）、土壤条件（类型）、地下水位的高低及蔬菜品种而异。

目前国内外专门用于蔬菜起垄（作畦）机械按配套动力的不同可分为微耕配套型和大中马力拖拉机配套型，其中后者机型根据对土壤的翻耕破碎次数，可分为单刀轴和双刀轴两种结构形式；同时按垄形成型原理不同也可分为作垄型和开沟型两类。

（1）微耕配套型

◆ **功能及特点**

该类机型一般采用微耕机作为配套动力，其刀轴的两侧采用起垄圆盘曲面刀，同时在圆盘曲面刀之间增加旋耕培土刀，两者按螺旋方式排列搭配组装，而后采用梯形刮板或弧形刮板对刀轴旋后的土垡进行起垄成型作业。该结构较为紧凑轻盈，方便设施棚室进出，易操作性强,特别适合日光温室和塑料大棚等作业空间有限的作业环境,但操作人员的劳动强度较大。

◆ **相关生产企业**

重庆华世丹机械制造有限公司、山东华兴机械股份有限公司、上海康博实业有限公司、无锡悦田农业机械科技有限公司等。

◆ **典型机型技术参数**

以MSE18C型起垄机为例（图2-17）:	
垄顶宽（cm）	110～120
垄底宽（cm）	140～160
垄距（cm）	130～160
垄高（cm）	15
沟宽（cm）	20～40
工作效率（hm²/h）	0.1

图2-17 MSE18C型起垄机

（2）单轴轻简型

◆ **功能及特点**

该类机型采用地表土壤堆积培埂后作畦的原理,一般先通过旋转刀轴翻耕土壤,将土壤进行破碎并松散凸起于地表,形成足够的堆土量用起垄板培埂,然后用压整盖板压整,实现垄形（或畦面）成型。由于采用单次土壤破碎,配套拖拉机动力需求相对小,适合沙性土壤环境作业。

◆ **相关生产企业**

东莞市金华机械设备有限公司、太仓市项氏农机有限公司、无锡悦田农业机械科技有限公司、盐城市盐海拖拉机制造有限公司、意大利FORIGO公司等。

◆ **典型机型技术参数**

以1GVF-125型起垄机为例（图2-18）:	
配套动力（kW）	18.3～25.7
工作幅宽（cm）	100～130
旋耕深度（cm）	12～15
起垄高度（cm）	20～30
起垄数（个）	1

图2-18 1GVF-125型起垄机

（3）双轴精整型

◆ **功能及特点**

该机型在上述单轴轻简型的基础上,在旋耕轴的后方增加碎土刀轴,二次精细破碎表层土壤,形成上细下粗的分层结构,一般在其后方设置镇压辊压整垄表面,使得整理的垄（或畦）质量更佳,特别适合黏性土壤作业。

◆ **相关生产企业**

常州凯得利机械有限公司、黑龙江德沃科技开发有限公司、山东华龙农业装备有限公司、山东华兴机械股份有限公司、上海市农业机械研究所实验厂、法国 SIMON 公司、意大利 HORTECH 公司、意大利 FORIGO 公司等。

◆ **典型机型技术参数**

以1ZKNP-125型起垄机为例（图2-19）：

配套动力（kW）	40.4 ～ 51.4
耕幅（cm）	125
起垄高度（cm）	15 ～ 20
垄顶宽（cm）	75 ～ 95
垄距（cm）	125 ～ 150
起垄数（行）	1

图2-19　1ZKNP-125型起垄机

以1DZ-180型蔬菜苗床精细整地机为例（图2-20）：

配套动力（kW）	≥58.8
配套形式	三点悬挂
作业幅宽（cm）	180
成型垄高（cm）	5 ～ 20
作业速度（km/h）	2 ～ 4
作业效率（hm²/h）	0.3 ～ 0.6

图2-20　1DZ-180型蔬菜苗床精细整地机

（4）开沟起垄型

◆ **功能及特点**

该机型利用双圆盘开沟清土原理，在垄间开沟，两侧圆盘刀口向内，开沟后的泥土往中间集中，而后利用刀轴后侧装有的仿垄成型板，把不平整的垄面整理成型，尤其适合高垄种植场合。

◆ **相关生产企业**

江苏正大永达科技有限公司、山东青岛泽瑞源农业科技有限公司、山东禹城市一力机械制造有限公司、意大利 COSMECO 公司、意大利 CUCCHI 公司、英国 GEORGE MOATE 公司等。

◆ **典型机型技术参数**

以BIG STORM型开沟起垄机为例（图2-21）：

配套动力（kW）	66
垄顶宽（cm）	45
垄底宽（cm）	110 ～ 140
垄距（cm）	160
垄高（cm）	≤50

图2-21　BIG STORM型开沟起垄机

以禹城3QL开沟起垄机为例（图2-22）：

配套动力（kW）	25 ～ 75
工作宽度（cm）	250 ～ 390
犁体间距（cm）	70 ～ 90
起垄高度（cm）	15 ～ 25

图2-22　禹城3QL开沟起垄机

2.1.6　铺管覆膜机械

蔬菜地覆膜栽培能起到保水、保肥、提高土温、减轻病虫和杂草危害的作用，同时可促进蔬菜早熟高产，达到优质高效的目的，故在垄形整理后通常需进行铺滴灌管和覆膜作业。有的机型是挂接于起垄机具的后方作业。

◆ **功能及特点**

适用于垄上的铺管和覆膜作业，可单独作业或一次性联合作业，作业质量好、操作方便简单、易维修，能满足各种蔬菜的种植农艺要求。

◆ **相关生产企业**

黑龙江省龙江县鑫兴聚农业机械制造有限公司、山东华兴机械股份有限公司、山东华龙农业装备有限公司、山东莒南玉丰农机厂、山东五征集团有限公司、上海康博实业有限公司等。

◆ **典型机型技术参数**

以3ZZ-5.9-800型覆膜铺管机为例（图2-23）：

动力类型	汽油机
额定功率（kW）	5.9
起垄宽度（cm）	50 ～ 80
起垄高度（cm）	20 ～ 30
配套地膜宽度（cm）	80 ～ 120
工作效率（hm²/h）	0.05

图2-23　3ZZ-5.9-800型覆膜铺管机

以2MZ-110型覆膜铺管机为例（图2-24）：

外形尺寸（长×宽×高，mm）	2050×1400×1300
配套动力（kW）	17.6 ～ 29.4
作业幅宽（m）	0.8 ～ 1.1
工作效率（hm²/h）	0.26 ～ 0.4

图2-24　2MZ-110型覆膜铺管机

以华兴3GFZ-140型自走式拱棚覆膜机为例（图2-25）：

配套动力（kW）	4.8
拱棚高度（cm）	55～65
拱棚宽度（cm）	120～140
行走系统	间隔0.8～1.5m点动
挡位	前进、后退各两挡
轴距（cm）	120
行走轮距（cm）	110

注：用于露地架设小拱棚，可同时完成拱架定位、棚膜覆盖作业。

图2-25　华兴3GFZ-140型
自走式拱棚覆膜机

2.1.7　联合复式作业机械

为考虑作业的高效性，减少土壤压实，在现有单一起垄机功能上进行集成与拓展，出现复式作业机。主要代表产品有多垄（2、3、4、6垄为主）联合作业机、起垄施肥一体机、起垄播种一体机或其他集成产品等。此类产品体积较为庞大，大多采用牵引式行走方式，市面上产品相对较少。

2.1.7.1　多垄作业机

◆ 功能及特点

该机型的尾部沿机架宽度方向依次设置多个起垄压整调节装置，代替原有的起垄镇压部件，可调至多垄所需要的垄形尺寸，以解决露地蔬菜种植中作业效率低下、来回作业油耗高等问题。

◆ 相关生产企业

江苏盐城市盐海拖拉机制造有限公司、山东华龙农业装备有限公司、法国SIMON公司、意大利HORTECH公司、意大利FORIGO公司、意大利MASSANO公司、意大利ORTIFLOR公司等。

◆ 典型机型技术参数

以1ZKNP-180型双垄起垄机为例（图2-26）：

外形尺寸（长×宽×高，mm）	2000×1800×1500
整机重量（kg）	750
配套动力（kW）	58～65
耕幅（cm）	180
起垄高度（cm）	15～20
垄顶宽（cm）	60～70
垄距（cm）	80～90
起垄数量（行）	2
工作效率（hm²/h）	0.4～0.7

图2-26　1ZKNP-180型双垄起垄机

2.1.7.2 起垄施肥一体机

◆ **功能及特点**

该机型在现有起垄机的基础上，增加施肥装置，肥料在料筒内受拨肥轮作用进入导肥管，再通过导肥管排入开沟器开出的沟内，排肥量可进行调整，解决了施肥机单一施肥，起垄机专门起垄的重复作业问题，使作业效率大大提高。

◆ **相关生产企业**

江苏盐城市盐海拖拉机制造有限公司、山东华龙农业装备有限公司、山东华兴机械股份有限公司、山东五征集团有限公司等。

◆ **典型机型技术参数**

以 1G-120V1F 型/1G-240V2F 型旋耕施肥起垄机为例（图2-27）：

配套动力（kW）	≥33/73.5
外形尺寸（长×宽×高，mm）	1630×1450×1350/1830×2620×1380
旋耕深度（cm）	25
垄顶宽度（cm）	34～48
起垄高度（cm）	26～34
施肥深度（cm）	15～17
施肥器数量（行）	2/4
施肥箱容积（L）	90/2×90
整机重量（kg）	410/840
生产效率（hm²/h）	0.33～0.47/0.8～1.07

图 2-27　1G-120V1F 型/1G-240V2F 型旋耕施肥起垄机

垄距等技术参数可按实际情况调整。

2.2　种植机械

蔬菜种植是蔬菜生产的关键环节，主要分为直播和移栽两种方式，相关机械包括种子加工、穴盘播种、嫁接育苗、直播和移栽等机械。

2.2.1　种子加工机械

种子加工是对种子从收获到播种前采取的各种技术处理，以改变种子物理特性及改善和提高种子品质的过程。种子加工是提高种子育苗质量的重要手段，也是为后续机械播种提高质量创造条件的关键环节。主要包括种子清选机、种子包衣机和种子丸粒化机等。

2.2.1.1　种子清选机

蔬菜种子清选机主要包括风筛式清选机、比重式清选机、窝眼筒清选机和种子丸粒化机。

（1）风筛式清选机

◆ **功能及特点**

风筛式清选机是以气流为介质，根据种子与混杂物料空气动力学特性差异，按物料的宽度、厚度或外形轮廓的差异进行风选和筛选。种子和杂质临界速度不同，通过调整气流的速度，实现分离。较轻的杂质被吸入沉降室集中排出，较好的种子通过空气筛箱后进入振动筛。振动筛的分选原理是按照种子的几何尺寸特性确定的，种子的种类和品种不同，筛孔的尺寸和形状也有所不同，选择更换不同规格的筛片，就能满足分选的要求。

◆ **相关生产企业**

甘肃酒泉奥凯种子机械有限公司、南京农牧机械厂、荷兰种子加工设备公司（Seed Processing Holland）等。

◆ **典型机型技术参数**

以奥凯5XL-100型风筛式清选机为例（图2-28）：

外形尺寸（长×宽×高，mm）	1270×1100×2110
生产率（t/h）	0.1（油菜籽）
选后净度（%）	≥98
配套动力（kW）	1.85

图2-28　奥凯5XL-100型风筛式清选机

（2）**比重式清选机**

◆ **功能及特点**

比重式清选机是以双向倾斜、往复振动的工作台和贯穿工作台网面的气流相结合的方法将不同比重的种子进行清选和分类，可有效地清除种子中颖壳、石头等杂物以及干瘪、虫蛀、霉变的种子。使用时按分选作物种类的不同选用不同目数的不锈钢丝网筛面，通过调节各个工作台台区的空气流量，达到籽粒在工作台面上的最佳流化状态和籽粒分层。同时，根据实际需要调整工作台面的振动频率及台面的纵、横向角度，从而满足各类种子的分选要求和达到较高的净度。

◆ **相关生产企业**

甘肃酒泉奥凯种子机械有限公司、江苏仪征华宇机械有限公司、南京农牧机械厂、荷兰种子加工设备公司（Seed Processing Holland）等。

◆ **典型机型技术参数**

以奥凯5XZ-100型比重式清选机为例（图2-29）：

外形尺寸（长×宽×高，mm）	1495×885×1250
生产率（t/h）	0.1（油菜籽）
选后净度（%）	≥99
配套动力（kW）	2.75

图2-29　奥凯5XZ-100型比重式清选机

（3）**窝眼筒清选机**

◆ **功能及特点**

窝眼筒清选机是通过物料长度的差异进行分选的设备，当物料宽度及厚度相近而长度有差异时，用筛选设备很难进行分离，而用窝眼筒清选机则较为理想。清选机由两只主流滚筒及一只副流滚筒组成，通过筛筒的旋转实现连续清理，把其所含的大于内筛孔径的大杂质和小于外筛孔径的细杂质分离出来流向指定位置，达到满意的清理效果。该机型具有产量高、动力消耗小、结构简单、占用空间小、易维护等特点。

◆ **相关生产企业**

甘肃酒泉奥凯种子机械有限公司、江苏仪征华宇机械有限公司、南京农牧机械厂、荷兰种子加工设备公司（Seed Processing Holland）等。

◆ **典型机型技术参数**

以奥凯5XW-100型窝眼筒清选机为例（图2-30）：

外形尺寸（长×宽×高，mm）	2272×866×1756
生产率（t/h）	0.1（油菜籽）
选后净度（%）	≥98
配套动力（kW）	0.75

图2-30 奥凯5XW-100型窝眼筒清选机

2.2.1.2 种子包衣机

◆ **功能及特点**

种子包衣是利用黏着剂或成膜剂，将杀菌剂、杀虫剂、微肥、植物生长调节剂、着色剂或填充剂等成分包裹在种子外面，以便于精密播种，对种子防病、防虫害有明显的效果，节省良种，促进成苗。

◆ **相关生产企业**

江苏仪征华宇机械有限公司、南京农牧机械厂、荷兰种子加工设备公司（Seed Processing Holland）等。

◆ **典型机型技术参数**

以农牧5BY-10.0P型包衣机为例（图2-31）：

外形尺寸（长×宽×高，mm）	2060×1600×2070
生产率（t/h）	8～12
配套动力（kW）	10.85
包衣合格度（%）	≥98
种药配比调节范围	1∶20～1∶250

图2-31 农牧5BY-10.0P型包衣机

2.2.1.3 种子丸粒化机

◆ **功能及特点**

种子丸粒化技术作为种衣技术的一种，指的是通过种子丸粒化机械，利用各种丸粒化材料使重量较轻或表面不规则的种子具有一定强度、形状、重量，从而达到小种子大粒化、轻种子重粒化、不规则的种子规则化的效果，可显著提高种子对不良环境的抵抗能力。

◆ **相关生产企业**

江苏仪征华宇机械有限公司、南京农牧机械厂、荷兰种子加工设备公司（Seed

Processing Holland）等。

◆ **典型机型技术参数**

以农牧5ZY-1600型种子丸粒化机为例（图2-32）：

外形尺寸（长×宽×高，mm）	2150×2070×2600
生产率（kg/h）	160
丸粒化种子单粒率（%）	≥85
丸粒化种子有籽率（%）	≥95
丸粒化种子单粒承压力（g）	≥150
配套动力（kW）	9

图2-32　农牧5ZY-1600型种子丸粒化机

2.2.2　育苗机械

培育健壮的秧苗是蔬菜生产的重要环节，秧苗的质量直接影响到后期嫁接和移栽效果。育苗方式主要有穴盘育苗和基质块育苗两种。育苗过程所用的机械装备涵盖基质处理、基质成型、穴盘播种、催芽育苗、嫁接育苗、成苗转运等环节。本节着重介绍基质块育苗、精量穴盘播种、嫁接育苗方面的机械。

2.2.2.1　基质块育苗机械

◆ **功能及特点**

基质型营养块育苗是以优质泥炭为主要原料，辅以缓释、控释配方肥，采用定向压缩回弹膨胀技术生产的营养均衡、理化性状优良、水气协调的育苗基质块，它集基质、养分、容器为一体，带基定植、无需缓苗是它的特点。另外，基质块育苗还利于人工快速取苗和投苗，提高移栽效率。基质块成型育苗机械有大型液压式和小型机械式两种。液压式成型设备一次可冲压多个基质块，有的机型还有在基质块的凹坑中自动播种的功能，但这类机具价格较高，一次性投入较大，只适合较大规模的育苗厂或专业基质块加工厂购买使用。另一种是小型机械冲压式的基质块成型机。

◆ **相关生产企业**

江苏省滨海县金辉农机厂、山东华兴机械股份有限公司、比利时Demaitere Bvba – demtec等。

◆ **典型机型技术参数**

以华兴2ZB-100型方体基质块育苗机为例（图2-33）：

基质块尺寸（长×宽×高，cm）	4×4×4
苗盘尺寸（长×宽，mm）	690×440，每盘126株
生产效率（株/h）	42 000

注：可自动完成基质压缩成型、压穴切块、精量播种、均匀覆土、整块提取、苗盘装盘等功能。

图2-33　华兴2ZB-100型方体基质块育苗机

以金辉ZB-5000型基质块成型机为例（图2-34）：

基质块尺寸（长×直径×高，cm）	4×（5～7）×8（可定制）
生产率（个/h）	5 000
配套动力（kW）	0.75（电机或柴油机、汽油机）

图2-34 金辉ZB-5000型
基质块成型机

2.2.2.2 穴盘育苗播种机械

穴盘育苗播种机多采用气吸式，根据吸种工作部件结构形式的不同分为针吸式、滚筒式、盖板式三类，按自动化程度又可以分半自动和全自动两类。针吸式和滚筒式穴盘播种机可以配备穴盘供给、填装床土、压实和淋水作业装备，组成穴盘育苗流水线。

（1）针吸式穴盘育苗播种机

◆ **功能及特点**

该机工作时利用一排吸嘴从振动盘上吸附种子，当育苗盘到达播种机下面时，吸嘴将种子释放，种子经下落管和接收杯后落在育苗盘上进行播种，然后吸嘴自动重复上述动作进行连续播种。该机适用范围广，从秋海棠等极小的种子到甜瓜等大种子，播种速度可达2 400行/h。能在各种穴盘、平盘或栽培钵中播种，并可进行每穴单粒、双粒或多粒形式的播种。

◆ **相关生产企业**

宝鸡市鼎铎机械有限公司、宁波市大宇矢崎机械制造有限公司、山东华兴机械股份有限公司、上海康博实业有限公司、台州一鸣机械设备有限公司、一拖川龙四川农业装备有限公司、浙江博仁工贸有限公司、荷兰VISSER公司、意大利DAROS公司、英国HAMILTON公司等。

◆ **典型机型技术参数**

以矢崎SYZ-300W型半自动育苗播种机为例（图2-35）：

外形尺寸（长×宽×高，mm）	1920×600×1050
效率（盘/h）	60～700
穴盘行数	8～14
穴盘最大宽度（mm）	300
播种列数（列）	1、2、4（可调）
播种粒数	可调
压穴方式	滚筒压穴

图2-35 矢崎SYZ-300W型半自动
育苗播种机

（2）滚筒气吸式穴盘育苗播种机

◆ **功能及特点**

该机工作时利用带有多排吸孔的滚筒，首先在滚筒内形成真空吸附种子，转动到育苗盘上方时滚筒内形成低压气流释放种子进行播种，接着滚筒内形成高压气流冲洗吸孔，然后滚筒内重新形成真空吸附种子，进入下一循环的播种。该机适用于大中型育苗场，播种

速度高达18 000行/h，适于绝大部分花卉、蔬菜等种子的播种。

◆ 相关生产企业

北京华农农业工程技术有限公司、北京农业智能装备技术研究中心、常州亚美柯机械设备有限公司、江苏云马农机制造有限公司、浙江博仁工贸有限公司、美国BLACKMORE、意大利MOSA公司等。

◆ 典型机型技术参数

以云马2BQT-400气吸式通用精密育苗播种流水线为例（图2-36）：	
整机尺寸（长×宽×高，mm）	9000×2300×1700
重量（kg）	500
配套动力（kW）	7.5
工作效率（盘/h）	450～1 000
播种均匀性（%）	99（小白菜种子）
适用盘类	宽度500mm以内塑料盘
适应作物种类	蔬菜、水稻等

图2-36　云马滚筒气吸式全自动育苗播种流水线

（3）盖板式穴盘育苗播种机

◆ 功能及特点

盖板式播种机工作原理是：针对规格化的穴盘，配备带有相应吸孔的播种盘，在盘内形成真空吸附种子，然后整盘对穴，并在盘内形成正压释放种子，达到播种的目的。根据种子形状、大小和种类，每种规格的播种机配有不同型号的播种模板。该类播种机具有价格低、操作简单、播种精确、播种效率高的优点，适于绝大部分穴盘和种子，但对过大或过小的种子播种精度不高。

◆ 相关生产企业

常州市风雷精密机械有限公司、重庆万而能农业机械有限公司、邯郸市众智鑫温控设备制造有限公司等。

◆ 典型机型技术参数

以风雷2BXP-1000育苗播种机为例（图2-37）：	
整机尺寸（长×宽×高，mm）	1140×630×840
穴板规格（长×宽，mm）	540×280
作业效率（盘/h）	300
播种合格率（%）	95～98
可配穴盘规格（孔）	288、200、128、98等

图2-37　风雷盖板式穴盘育苗播种机

2.2.2.3　嫁接育苗机械

◆ 功能及特点

嫁接育苗机械是一种完成蔬菜自动嫁接作业的机械装置，有全自动和半自动两种型号。

目前总体来说，国内外的各型嫁接机作业速度还不够快，且购置成本高，对育苗的要求严，限制了其推广应用。国内嫁接苗生产中多选用辅助器械，人工嫁接。

◆ **相关生产企业**

北京农业智能装备技术研究中心、广州实凯机电科技有限公司、荷兰ISO集团、韩国Ideal System公司、日本井关公司、日本洋马公司等。

◆ **典型机型技术参数**

以日本SO-JAG800-U型全自动嫁接机为例（图2-38）：

生产率（株/h）	800
需要人员（人）	1
结合方法	切割嫁接（夹子固定）
重量（kg）	544
供给方式	自动供给
切割方式	利用剃刀直线切割
结合方式	夹子固定
结合率（%）	95以上
适应单元托盘（孔）	128、72

注：具备缺株传感器检出功能。

图2-38 日本SO-JAG800-U型全自动嫁接机

以实凯2JC-600B型半自动嫁接机为例（图2-39）：

整机尺寸（长×宽×高，mm）	1000×600×1200
重量（kg）	45
操作人数（人）	2
生产率（株/h）	600～700
嫁接成功率（%）	>90
适用范围	西瓜、黄瓜、甜瓜

图2-39 实凯2JC-600B型半自动嫁接机

以北京TJ-600型通用蔬菜嫁接机为例（图2-40）：

操作人数（人）	2	生产率（株/h）	600
嫁接成功率（%）	>95	适用范围	西瓜、黄瓜、甜瓜、茄子、辣椒

图2-40 北京TJ-600型通用蔬菜嫁接机

2.2.3 移栽机械

蔬菜移栽也称定植，主要指把苗床或穴盘中的幼苗移栽到大田的作业。目前国内外适用于蔬菜的移栽机已有多种，应用也较广。蔬菜移栽机的分类有多种，按照取苗、投苗的自动化程度，可分为半自动和全自动两大类；按栽植器型式，可分为钳夹式、导苗管式、挠性圆盘式和吊杯（鸭嘴）式等；按栽植行数，可分为单行、双行、三行、多行等；按挂接方式，可分为牵引式、悬挂式、自走式；按动力类型，又可分为燃油、电动两类；按作业功能，可分为单一功能的移栽作业机和覆膜、浇水、移栽、盖土等多功能组合的复式作业机。

以下按半自动和全自动两大类分别介绍移栽机。

2.2.3.1 半自动移栽机

（1）钳夹式移栽机

◆ 功能及特点

钳夹式半自动移栽机又分为圆盘钳夹式和链钳夹式。幼苗钳夹安装在栽植圆盘或环形栽植链条上，工作时，由操作人员将幼苗逐棵放置在钳夹上，幼苗被夹持并随圆盘或链条转动，当幼苗到达与地面垂直位置时，钳夹打开，幼苗落入苗沟内，随后幼苗在回流土和镇压轮的作用下完成移栽过程。钳夹式移栽机具有结构简单、造价低、栽植株距和深度稳定的优点，适合裸根苗和细长苗移栽。但该机型不适合钵苗移栽和膜上移栽，钳夹易伤苗。另外，喂苗人员需精神高度集中，否则易出现漏苗、缺苗等现象。

◆ 相关生产企业

南通富来威农业装备有限公司、徐州龙华农业机械科技发展有限公司、美国玛驰尼克、日本久保田公司、意大利Checchi&Magli公司、意大利FEDELE公司等。

◆ 典型机型技术参数

以富来威2ZL系列移栽机为例（图2-41）：

配套动力（kW）	15～37
外形尺寸（长×宽×高，mm）	1600×（1900～3400）×1200
行数（行）	2～4
栽植行距（cm）	50～100（可调）
栽植株距（cm）	19～80（12挡，可调）
栽植深度（cm）	4～10
立苗率（%）	≥95
生产率（hm²/h）	0.1～0.16（每行一人放苗）
操作人数（人）	3～5
适应苗高（cm）	12～20

图2-41 富来威钳夹式半自动移栽机

（2）导苗管式移栽机

◆ 功能及特点

导苗管式半自动移栽机主要由导苗管、喂入器、扶苗器、开沟器、覆土镇压轮和苗架等工作部件组成，采用单组传动。工作时，由人工将作物幼苗放入喂入器的接苗筒内，当接苗筒转动至导苗管喂入口上方时，喂苗嘴打开，幼苗靠重力落入导苗管内，后沿倾斜的导苗管被引入至开沟器开出的苗沟内，然后进行覆土、镇压，完成移栽过程。此类机型优点是：栽植株距调节灵活，可实现小株距移栽；对幼苗的适应性较强，不易伤苗。缺点是不能进行膜上移栽。

◆ **相关生产企业**

山东华龙农业装备有限公司、美国玛驰尼克、意大利Checchi & Magli公司、意大利FEDELE公司、意大利FERRARI公司等。

◆ **典型机型技术参数**

以FEDELE公司FAST系列2行移栽机为例（图2-42）：

配套动力（kW）	26	工作行数（行）	2
操作人员数（人）	3	栽植效率（株数/h）	6 500 ~ 7 000
株距（cm）	9 ~ 83	行距（cm）	30 ~ 50
机器重量（kg）	396		

图2-42 FAST系列半自动导苗管式移栽机

（3）挠性圆盘式移栽机

◆ **功能及特点**

挠性圆盘式移栽机主要工作部件有输送带、开沟器、挠性圆盘、镇压轮等。人工将苗整齐摆放在横向输送带上，横向输送带将苗送入纵向输送带，纵向输送带再将苗送入挠性圆盘中。当挠性圆盘带苗转动至苗沟底部时放苗，苗在镇压轮和回流土的作用下完成定植。此类机型适合裸根苗和纸筒苗，在甜菜和葱类移栽中常用。夹持幼苗可以不受钳夹或链夹数量的限制，对株距的适应性较好，可满足小株距要求的移栽作业。但是不能用于膜上移栽，栽植株距和深度不稳定，而且挠性圆盘使用寿命不长。

◆ **相关生产企业**

黑龙江北大荒众荣农机有限公司、山东华龙农业装备有限公司、德国PRIMA公司、日本久保田公司、日本丰收产业公司等。

◆ **典型机型技术参数**

以众荣HB-SS20型甜菜移栽机为例（图2-43）：

挂接形式	悬挂式	配套动力（kW）	≥45
外形尺寸（长×宽×高，mm）	2440×2450×1540	结构质量（kg）	660
行距（cm）	60或66	工作行数（行）	2
操作人员数（人）	3	作业速度（km/h）	3

工作部件配置：苗分离器2个、高垄装置2个、电子监控和苗自动筛选装置。

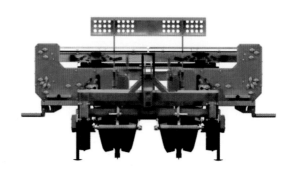

图2-43　众荣HB-SS20型甜菜移栽机

（4）**吊杯式移栽机**

◆ **功能及特点**

吊杯式（也叫鸭嘴式、吊篮式）半自动移栽机是目前应用最多的移栽机，生产厂和机型都较多。主要工作部件有传动装置、苗筒、吊杯栽植器、压实轮等。人工将苗逐棵放入投苗筒内，当苗随投苗筒转动至落苗点时，苗落入吊杯中。吊杯带苗运动至栽植地面时，吊杯破土打开，将苗投出。苗在回流土的作用下完成定植，压实轮起辅助压实的作用。该类移栽机的优点是：吊杯仅对幼苗起承载作用，不施加夹紧力，基本不伤苗，尤其适合根系不发达且易碎的钵苗移栽；栽植器可插入土壤开穴，适合膜上打孔移栽；吊杯在栽苗过程中起到稳苗扶持作用，幼苗栽后直立度较高。其缺点有：结构相对复杂，成本较高；对土壤墒情要求较高；不适用于小株距要求的移栽。

◆ **相关生产企业**

宝鸡鼎铎机械有限公司、常州凯得利机械有限公司、常州迈腾机械有限公司、重庆市万而能农业机械有限公司、山东华龙农业装备有限公司、山东华盛中天机械集团有限公司、山东华兴机械股份有限公司、山东青州火绒机械制造有限公司、山东青州市军岩农业机械有限公司、山东宁津县金利达机械制造有限公司、山东五征集团有限公司、南通富来威农业装备有限公司、潍坊市成帆农业装备有限公司、无锡悦田农业机械科技有限公司、现代农装科技股份有限公司、井关农机（常州）有限公司、久保田农业机械（苏州）有限公司、美国雷纳多公司、美国Holland公司、意大利Checchi & Magli公司、意大利Ferrari公司、意大利Hortech公司、洋马农机（中国）有限公司等。

◆ 典型机型技术参数

以东风井关PVHR2-E18型自走式两行移栽机为例（图2-44）：

配套动力（kW）	1.5
外形尺寸（长×宽×高，mm）	2050×1600×1500
机体重量（kg）	240
作业效率（株/h）	3 000
操作人员数（人）	1
行数（行）	2
行距（cm）	30～50
株距（cm）	30～60（9档，可调）
适应垄高（cm）	10～33

图2-44　东风井关PVHR2-E18型自走式两行移栽机

注：带自动升降传感器，在不平的田块中也能保证栽植深度一致。

以鼎铎2ZB-2A型自走式两行移栽机为例（图2-45）：

外形尺寸（长×宽×高，mm）	1400×1000×1130
机体质量（kg）	260
配套动力	48V/20A蓄电池
行数（行）	2
行距（cm）	25～50
株距（cm）	10～50（无级可调）
操作人员数（人）	1
作业效率（株/行/h）	2 000～4 000

图2-45　鼎铎2ZB-2A型自走式两行移栽机

注：原地掉头，方便灵活。

以华龙2ZBLZ系列履带自走式移栽机为例（图2-46）：

配套动力（kW）	7.5	行数（行）	2～12
行距（cm）	≥10	株距（cm）	≥8
操作人员数（人）	7（12行时）	作业效率（株/行/h）	3 000～3 600

注：适合设施和露地蔬菜移栽，株、行距调节范围广。

图2-46　华龙2ZBLZ系列履带自走式移栽机

以凯得利2ZB-2型牵引式多功能蔬菜移栽机为例（图2-47）：

配套动力（kW）	22～30
行数（行）	2
行距（cm）	40～50
株距（cm）	30～45
操作人员数（人）	3
作业效率（株/行/h）	3 000～3 600

图2-47 凯得利2ZB-2型牵引式
多功能蔬菜移栽机

注：集镇压、起垄、铺管、覆膜、栽植等功能于一体，实现多功能联合作业。

以现代农装2ZBX-2型牵引式多功能移栽机（图2-48）：

配套动力（kW）	≥19
操作人员数（人）	3
作业效率（hm²/h）	0.07～0.14
行数（行）	2
行距（cm）	34～50
株距（cm）	25～40
栽植深度（cm）	5～12

图2-48 现代农装2ZBX-2型牵引式
多功能移栽机

注：可集铺滴灌管、覆膜、膜上覆土、栽苗及镇压等功能于一体，实现多功能联合作业。

以Hortech公司DUE ANTOMATIC 140型基质块苗移栽机为例（图2-49）：

配套动力（kW）	37～45	行距（cm）	27
株距（cm）	23	操作人员数（人）	3
作业效率（株/行/h）	4 000	适应秧苗（cm）	基质块育苗（3×3、4×4、5×5）

注：采用方形基质块秧苗，喂苗系统由输送带、垂直输送链条和鸭嘴式投苗杯组成，1人可轻松保证
2行苗的供应，投苗速度快，膜上移栽效果好。

图2-49 Hortech公司DUE
ANTOMATIC 140型
基质块苗移栽机

以雷纳多RTME1100型系列牵引式蔬菜移栽机为例（图2-50）：

配套动力（kW）	36
行数（行）	2，6
行距（cm）	≥30
株距（cm）	20～66
操作人员数（人）	3（2行时）
作业效率（株/行/h）	3 600

图2-50 雷纳多RTME1100型系列牵引式蔬菜移栽机

注：膜上移栽时采用热熔烧洞开孔法，保证开口边缘质量，且不伤苗。可在定植的同时向孔穴里注入大约60g液体。

以Hortech公司OVER PLUS 4牵引式蔬菜移栽机为例（图2-51）：

配套动力（kW）	45
行数（行）	4
行距（cm）	≥32
株距（cm）	≥21
操作人员数（人）	5
作业效率（株/行/h）	3 000

图2-51 Hortech公司OVER PLUS 4牵引式蔬菜移栽机

注：吊杯由链条带动，运行平稳。可同时完成覆膜、铺滴灌管、移栽作业。

（5）其他半自动移栽机

以华兴2ZS-4型方体基质块带式移栽机为例（图2-52）：

外形尺寸（长×宽×高，mm）	3100×1800×1350
配套动力（kW）	45以上
行数（行）	4
行距（cm）	≥27
株距（cm）	≥23
操作人员数（人）	5
作业效率（株/行/h）	4 000

图2-52 华兴2ZS-4型方体基质块带式移栽机

注：采用人工整排取苗，输送带送苗投苗方式，适于4cm×4cm×4cm方体基质块苗的露地快速移栽。

2.2.3.2 全自动移栽机

◆ 功能及特点

全自动移栽机按照自动取苗方式可分为以下三类。①迎苗扎取式，对育苗时种子的对中性要求高，不适合小穴格作业；②顶出输送式，在幼苗输送过程中速度、空间等不确定因素较多，输送主动夹持容易伤苗；③顶出夹取式，不容易伤根、伤叶，比较适合中、小规格穴盘苗的移栽，但因穴盘底孔直径小，对苗盘输送的精准度要求较高。总体来说，全自动移栽机具有用工少、作业效率高的优势，发展前景好，但对育苗的标准化、均一化要求很高。

◆ **相关生产企业**

常州亚美柯机械设备有限公司、山东宁津县金利达机械制造有限公司、洋马农机（中国）有限公司、澳大利亚 Williames Pty Ltd 公司、日本实产业株式会社、意大利 Ferrari 公司、英国 Peaarson 公司等。

◆ **典型机型技术参数**

以金利达 2ZBY-4A 型自动移栽机为例（图 2-53）：

外形尺寸（长×宽×高，mm）	4500×5020×2550
配套动力（kW）	30
适用秧苗	128 孔穴盘苗
行数（行）	4
行距（cm）	≥33
株距（cm）	≥18
操作人员数（人）	2
作业效率（株/行/h）	2 800

图 2-53　金利达 2ZBY-4A 型自动移栽机

注：取苗、投苗动作由电气控制，取苗爪成排夹取苗茎进行取苗，然后投入旋转的苗筒中，再由苗筒
　　分配到吊杯式栽植器中。

以洋马 PF2R 自走式全自动移栽机为例（图 2-54）：

外形尺寸（长×宽×高，mm）	3160×1725×1925	配套动力（kW）	7.1
结构型式	自走式	适用秧苗	专用塑料穴盘苗
操作人员数（人）	2	作业效率（hm²/h）	0.13
行数（行）	2.5	行距（cm）	45～65
株距（cm）	26～80		

注：育苗盘为专用的可弯曲的塑料穴盘。人工负责装盘，机械自动取苗、投苗、移栽。

图 2-54　洋马 PF2R 自走式
全自动移栽机

以Ferrari公司FUTURA高速自动移栽机（图2-55）：

外形尺寸（长×宽×高，mm）	2250×3600×2600
配套动力（kW）	75
结构型式	牵引式
适用秧苗	普通塑料和泡沫穴盘苗
操作人员数（人）	2
作业效率（株/行/h）	8 000
行数（行）	4
行距（cm）	30～100
株距（cm）	可调

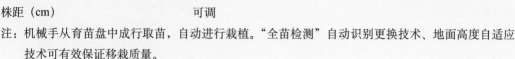

图2-55 Ferrari公司FUTURA
高速自动移栽机

注：机械手从育苗盘中成行取苗，自动进行栽植。"全苗检测"自动识别更换技术、地面高度自适应
技术可有效保证移栽质量。

以亚美柯2ZS系列全自动移栽机为例（图2-56）：

外形尺寸（长×宽×高，mm）	(1910～2195)×(905～1180)×(1150～1360)
配套动力（kW）	1.5
结构型式	手持自走式
适用秧苗	专用钵体育成苗
秧盘尺寸（长×宽×高，cm）	63.2×31.5×3.5
操作人员数（人）	1
作业速度（m/s）	0.15～0.6
作业效率（hm^2/h）	0.3～0.6
行数（行）	1～2
行距（cm）	45～55
株距（cm）	5.3～52

图2-56 亚美柯全自动大葱钵苗移栽机

注：采用专用育苗盘，秧苗被从秧盘背面成排顶出，由皮带输送，再经开沟、投苗、培土，完成定
植。尤其适于大葱、洋葱等形体纤小的苗类移栽。

2.2.4 直播机械

蔬菜直播机械按照排种方式可分为机械式和气力式；按播种行数可分为单行、双行、
多行；按行走方式可分为自走式、牵引式、悬挂式；按动力类型可分为手动、电动和燃油
式；按作业功能还可分为单一播种机和集整地、播种、施药、覆膜等功能于一体的复式作
业机。

2.2.4.1 机械式播种机

◆ 功能及特点

机械式排种器包括垂直圆盘式、垂直窝眼式、锥盘式、水平圆盘式、倾斜圆盘式、带夹

式等。我国目前的机械式蔬菜直播机以窝眼轮式居多，结构简单，制造成本低，但排种精度较低，对异形种的适应性较差。

◆ **相关生产企业**

北京延庆区农业机械化技术推广站、青州市荣鑫农业机械厂、山东省玛丽亚农业机械有限公司、上海康博实业有限公司、宁波市大宇矢崎机械制造有限公司、无锡悦田农业机械有限公司、奥地利温特施特格公司、韩国（株）张自动化公司等。

◆ **典型机型技术参数**

以矢崎SYV手推槽轮交换式蔬菜播种机为例（图2-57）：

外形尺寸（长×宽×高，mm）	1300×440×800
整机重量（kg）	16
行数（行）	2/3
作业行距（cm）	4～20
作业效率（hm²/h）	0.1～0.27
驱动方式	手推式
排种方式	交换式槽轮

图2-57　矢崎SYV手推槽轮交换式蔬菜播种机

以矢崎SYV-M600W电动槽轮交换式蔬菜播种机为例（图2-58）：

主机动力（W）	100（DC12V）
外形尺寸（长×宽×高，mm）	1300×700×1000
整机重量（kg）	42
作业行数（行）	13
行距（cm）	4～20
镇压轮宽（mm）	590
作业效率（hm²/h）	0.27

图2-58　矢崎SYV-M600W电动槽轮交换式蔬菜播种机

以康博2BS-JT10型播种机为例（图2-59）：

外形尺寸（长×宽×高，mm）	1050×1025×860
整机重量（kg）	98
配套动力（kW）	3
播种行数（行）	1～10（可调）
行距（cm）	9～90（可调）
株距（cm）	2.5～51（可调）
工作幅宽（cm）	90
作业效率（hm²/h）	0.2～0.4

图2-59　康博2BS-JT10型播种机

注：一次完成开沟、播种、覆土等工序，可一穴一粒或多粒。

以上海2BZ-140型悬挂式蔬菜播种机为例（图2-60）：

配套动力（kW）	30
作业行数（行）	23
行距（cm）	5.5
播种幅宽（cm）	140
作业效率（hm²/h）	0.53～0.67

图2-60 上海2BZ-140型悬挂式蔬菜播种机

注：具有平整、播种、镇压等联合作业功能，适用于绿叶菜种子的精量播种。

以玛丽亚精准大蒜播种机为例（图2-61）：

配套动力（kW）	22.4～37.3
行距（cm）	20
株距（cm）	10～12
鳞芽直立率（%）	90
生产效率（hm²/d）	1.7

图2-61 玛丽亚精准大蒜播种机

以2BFM-4/6型鲜食玉米免耕精量施肥播种机为例（图2-62）：

配套动力（kW）	13.2～29.4
工作行数（行）	4/6
行距（cm）	50～70
株距（cm）	15～33
排肥量（kg/hm²）	225～750
排种量（kg/hm²）	22.5～45
工作速度（km/h）	3～5

图2-62 2BFM-4/6型鲜食玉米免耕精量施肥播种机

2.2.4.2 气力式播种机

◆ 功能及特点

气力式排种器包括气吸式、气压式、气吹式等。气吸式排种器利用负压吸种，完成种子与种群的分离、输种，在投种区切断负压，依靠种子的自身重量或刮种装置对种子作用，完成投种过程。气压式排种器利用正压将种子压在排种滚筒的窝眼上，滚筒转动到投种区，正压气流截断，种子在重力作用下离开窝眼。气吹式排种器在排种工艺上基本与窝眼轮式排种器相似，不同点是利用气流把多余的种子清理掉。

◆ 相关生产企业

东风井关农业机械有限公司、福田雷沃国际重工股份有限公司、黑龙江德沃科技开发有限公司、黑龙江勃农兴达机械有限公司、马斯奇奥（青岛）农机制造有限公司、山东德农农业机械制造有限责任公司、德国贝克公司、法国摩诺赛公司、荷兰艾克拉公司、美国阿里斯·恰默斯公司、美国满胜公司、英国史丹希公司等。

◆ 典型机型技术参数

例1 德沃2BQS-8X气力式蔬菜精密播种机（图2-63）：

外形尺寸（长×宽×高，mm）	2500×1880×1530
整机重量（kg）	550
工作幅宽（cm）	250
配套动力（kW）	≥44.1
作业行距（cm）	≥32
苗带间距（cm）	7～12
作业行数（行）	4（8苗带）
驱动方式	牵引式
作业速度（km/h）	3～5

图2-63 德沃2BQS-8X气力式蔬菜精密播种机

注：可选配铺滴灌管、覆膜、压深沟等机构。

例2 德沃2BSZ-8型蔬菜整地播种一体机（图2-64）：

驱动形式	三点悬挂
配套动力（kW）	≥88.2
作业幅宽（cm）	270
成型垄高（cm）	18～20
作业速度（km/h）	2～4
作业效率（hm²/h）	0.5～1

图2-64 德沃2BSZ-8型蔬菜整地播种一体机

注：可同时完成旋耕、起垄、压深沟、施药、施肥、播种、覆滴灌带、覆膜等多个环节。

例3 史丹希Star Plus气力式精量条播设备（图2-65）：

驱动形式	牵引式	配套动力（kW）	≥60
播种组件数（组）	1～36	每组播种行数（行）	1～4
种子大小要求（mm）	0.2～5	行距（cm）	2.5～20
株距（cm）	1～100	播种深度（mm）	0～30
播种速度（km/h）	1.5～6.5		

图2-65 史丹希Star Plus气力式精量条播设备

例4 马斯奇奥12行多功能气吸式蔬菜播种机（图2-66）：

驱动形式	悬挂式
配套动力（kW）	74.6
行数（行）	12
每个播种单体可播行数（行）	1～3或条播
单体之间最小距离（cm）	23
株距（cm）	0.5～23
工作速度（km/h）	3～5

图2-66 马斯奇奥12行多功能
气吸式蔬菜播种机

注：可播种洋葱、胡萝卜、花椰菜、白菜等蔬菜以及甜菜等，微肥装置可选配。

2.3 田间管理机械

田间管理是指农业生产中，对作物从播种到收获的整个过程所进行的各种管理措施的总称，即为作物的生长发育创造良好条件的劳动过程，包括中耕除草、水肥调控、病虫防治等。目前国内蔬菜生产中常用的田间管理机械包括：中耕除草机械、灌溉施肥机械、植保机械等。

2.3.1 中耕除草机械

2.3.1.1 中耕机械

◆ **功能及特点**

中耕是作物生育期间在株行间进行的表土耕作，其主要目的是及时改善土壤状况，蓄水保墒、消除杂草、提高地温、促进有机物分解，为作物生长发育创造良好条件。中耕机械是指在作物生长过程中进行松土、除草、开沟、培土等作业的土壤耕作机械，一般兼有中耕、除草、施肥功能。中耕机械按主要工作部件的工作原理可分为锄铲式和回转式两大类，其中，锄铲式应用较广。

◆ **相关生产企业**

黑龙江德沃科技开发有限公司、湖北星胜机械有限公司、福建龙岩中农机械制造有限公司、福建漳浦宜益农业机械有限公司、江苏久泰农业装备科技有限公司、山东华盛农业药械有限责任公司、山东华兴机械股份有限公司、山东济宁科硕机械有限公司、山东曲阜市富民机械制造有限公司、山东潍坊福晟机械有限公司等。

◆ **典型机型技术参数**

例1 3ZPS-6型中耕除草机（图2-67）：

配套动力（kW）	25.7～30
作业幅宽（cm）	180
中耕形式	圆盘式
作业速度（km/h）	2～3
作业效率（hm²/h）	0.3～0.5

图2-67 3ZPS-6型中耕除草机

例2　3ZCS-180型中耕除草机（图2-68）：

配套动力（kW）	29.4～35
作业幅宽（cm）	180
中耕形式	弹齿式
作业速度（km/h）	3～5
作业效率（hm²/h）	0.5～0.7

图2-68　3ZCS-180型中耕除草机

例3　3WG2700型田园管理机（图2-69）：

外形尺寸（长×宽×高，mm）	1600×560×1070
配套动力（kW）	5.5
作业幅宽（cm）	70
中耕形式	旋转
开沟宽度（cm）	17
开沟最大深度（cm）	50～60（反复作业）
培土宽度（cm）	25
培土最大深度（cm）	35～40（反复作业）
作业速度（km/h）	3

图2-69　3WG2700型田园管理机

2.3.1.2　除草机械

◆ **功能及特点**

具有单一除草功能的除草机大都是小型机械，动力来自二冲程汽油机，根据作业需求可更换多种多功能机具头，如：打草绳轮、刀片、小型旋耕机具、旋耕式除草机具等。

◆ **相关生产企业**

山东华盛农业药械有限责任公司、山东曲阜市富民机械制造有限公司、山东临沂市鑫奔腾农林机械有限公司、浙江永康市石柱佐崎园林工具厂等。

◆ **典型机型技术参数**

以BG430型微型除草机为例（图2-70）：

功率（kW）	1.25
整机重量（kg）	10.8
作业幅宽（cm）	21/27/37

图2-70　BG430型微型除草机

2.3.2　水肥一体化与节水灌溉设备

水肥一体化技术是将灌溉与施肥融为一体的农业新技术，能有效地控制灌溉量和施肥量，提高水肥利用效率，主要适用于设施农业及果园栽培。水肥一体化系统主要由节水喷灌系统和施肥设备组成。

2.3.2.1 节水喷灌系统设备

◆ **功能及特点**

微灌系统包括水源、首部工程、输水管网、灌水器。水源水质要达到农业灌溉用水的标准，不得含有过量的泥沙。首部工程的作用是从水源取水，包括水泵、过滤器、肥料注入设备和控制系统。输水管网的作用是把灌溉水输送到喷头进行灌溉，常用的管道为PE（聚乙烯塑料）管和UPVC（以聚氯乙烯树脂为原料，不含增塑剂）管。管道分为主管和支管，主管起输送水的作用，管径大；支管主要是工作管道，上面按一定距离安装竖管（多为钢管），竖管上安装喷头。灌溉水通过主管、支管、竖管，最后经喷头喷洒给田间作物。灌水器主要有两种：一种是灌溉喷头，其作用是将管道内的水流喷射到空中，分散成细小的水滴，洒落在田间进行灌溉，主要有摇臂式和雾化式两种。另一种是滴灌带及其滴头，其作用是利用低压管道系统，将水均匀缓慢地滴入作物根区附近土壤进行灌溉，主要有内嵌式和迷宫式两种。

◆ **相关生产企业**

北京金福腾科技有限公司、广东顺威三月雨微灌溉科技发展有限公司、广西捷佳润农业科技有限公司、上海华维节水灌溉股份有限公司、新疆天业节水灌溉股份有限公司、浙江杭州先农科技开发有限公司等。

◆ **典型机型技术参数**

例1 1820系列滴头（图2-71）：

型式	流量可调式和压力补偿式
工作压力（kPa）	50～400
过滤网（目）	120

图2-71 1820系列滴头

例2 1800系列滴箭（图2-72）：

型式	弯箭、直箭、单箭、一出二滴箭、一出四滴箭
工作压力（kPa）	100
单箭流量（L/h）	1.0

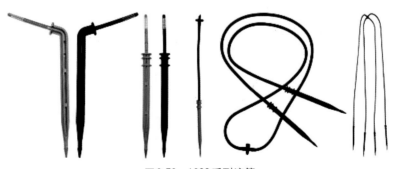

图2-72 1800系列滴箭

例3　1600系列滴灌管（图2-73）：

外径（mm）	12 ~ 20
壁厚（mm）	0.6 ~ 1.5
滴头间距（cm）	30
滴头流量（L/h）	2/4
过滤网（目）	120

图2-73　1600系列滴灌管

例4　1700系列滴灌管（图2-74）：

型式	贴片式滴灌带、侧翼迷宫滴灌带
滴头流量（L/h）	1.38/2/2.7/4
工作压力（kPa）	40 ~ 200
过滤网（目）	120

图2-74　1700系列滴灌管

例5　5429型系列微喷头（图2-75）：

型式	折射雾化微喷头、旋转微喷头、涡流雾化微喷头		
射程（m）	3 ~ 4	喷头流量（L/h）	40 ~ 120
工作压力（kPa）	200 ~ 300	过滤网（目）	100

图2-75　5429型系列微喷头

例6　3022型摇臂（图2-76）：

接口尺寸（"）	1/2（外螺纹）
工作压力（kPa）	200 ~ 400
喷头流量（m³/h）	0.5 ~ 1.6
喷洒半径（m）	6 ~ 12

图2-76　3022型摇臂

例7　7000型系列摇臂叠片过滤器（图2-77）：

额定流量（m³/h）　　　　　　30～90

过滤精度（μm）　　　　　　20～200

接口尺寸（"）　　　　　　　2/2.5（外螺纹）

接口方式　　　　　　　　　　卡口

图2-77　7000型系列摇臂叠片过滤器

例8　HWSF3603型砂石过滤器（图2-78）：

罐体数（个）　　　　　　　　3

额定流量（m³/h）　　　　　　185

进出管径（mm）　　　　　　150

污水管径（mm）　　　　　　100

外形尺寸（长×宽×高，mm）　3300×1600×1700

图2-78　HWSF3603型砂石过滤器

2.3.2.2　施肥系统设备

◆ **功能及特点**

施肥设备是借助灌溉系统，通过智能化控制系统将植物生长所需的氮、磷、钾液态肥均匀适量地供给蔬菜作物，种类有安装在管路上的文丘里施肥器、比例式注肥泵、水肥一体机等。

◆ **相关生产企业**

北京金福腾科技有限公司、广东顺威三月雨微灌溉科技发展有限公司、广西捷佳润农业科技有限公司、上海华维节水灌溉股份有限公司、新疆天业节水灌溉股份有限公司、浙江杭州先农科技开发有限公司等。

◆ **典型机型技术参数**

例1　8000系列文丘里施肥器（图2-79）：

进水口压力（kPa）　　　　　80～250

吸入流量（m³/h）　　　　　　0.1～0.95

图2-79　8000系列文丘里施肥器

例2　水肥一体机（图2-80）：

在实现最基本的电磁阀自动控制的同时，还可在EC/pH值的机流量监控和可编程控制器控制下，通过机器上的一组文丘里施肥器把肥料养分或弱酸等注入灌溉主管中，进行施肥。

控制系统可通过控制器键盘现场监控和编制，也可通过外接计算机，在办公室内进行远程控制。通过外接的气象站将土壤湿度、蒸发量、降水和太阳辐射数据传入，自动调节和控制灌溉施肥。对于小系统通常采用串联方式，大型系统则采用旁路方式与灌溉主管并联。

图2-80　水肥一体机

2.3.2.3 行走式水肥药一体喷灌机

◆ **功能及特点**

行走式水肥药一体喷灌车，利用喷灌压力水驱动水涡轮旋转，经过变速装置驱动绞盘旋转并牵引喷水桁架自动移动。根据喷头的不同，通常分为喷枪型和桁架型两种。行走式喷灌车结构简单、自动化程度高、适应性强，轮距和离地高度可调，具有移动方便、操作简单、省工省时、节水效果好、喷洒均匀等优点。

◆ **相关生产企业**

黑龙江德沃科技开发有限公司、江西南昌市天成温室工程有限公司、山东华泰保尔水务农业装备工程有限公司、上海华维节水灌溉股份有限公司、新疆天业节水灌溉股份有限公司、浙江杭州先农科技开发有限公司等。

◆ **典型机型技术参数**

以HP系列行走式水肥药一体喷灌车为例（图2-81）：

PE管外径（mm）	40～100	PE管长度（m）	125～370
组合喷洒均匀度系数（%）	≥85	入机压力（MPa）	0.35～1
流量（m³/h）	5～72	最大喷洒幅宽（m）	32～90

图2-81 HP系列行走式水肥药一体喷灌车

2.3.3 植保机械

植物保护机械是指用于防治为害植物的病、虫、杂草等的各类机械和工具的总称，通常指化学防治时使用的机械，包括利用光能等物理方法所使用的机械和设备。常见的有：喷杆式喷雾机、背负式喷雾（喷粉）机、电动喷雾器、担架式（推车式）机动喷雾机、背负式静电喷雾器、杀虫灯等。

2.3.3.1 喷杆式喷雾机

◆ **功能及特点**

喷杆式喷雾机是一种将喷头装在横向喷杆或竖立喷杆上的机动喷雾机，该类喷雾机的作业效率高，喷洒质量好，喷液量分布均匀，广泛用于大田作物的病虫草害防治和叶面肥喷洒。喷杆式喷雾机的主要工作部件包括：液泵、药液箱、喷头、防滴装置、搅拌器、喷杆桁架机构和管路控制部件等。喷杆式喷雾机按行走方式可分为自走式、牵引式、悬挂式和车载式。

◆ **相关生产企业**

　　埃森农机常州有限公司、北京丰茂植保机械有限公司、江苏南通市广益机电有限责任公司、江苏南通黄海药械有限公司、山东德农农业机械制造有限责任公司、山东华盛农业药械有限责任公司、山东永佳动力股份有限公司、雷沃重工股份有限公司、浙江台州信溢农业机械有限公司、浙江勇力机械有限公司、中机美诺科技股份有限公司等。

◆ **典型机型技术参数**

例1　3WPZ3-300型自走式喷杆式喷雾机（图2-82）：

结构型式	三轮自走式
配套动力	单缸风冷四冲程柴油机
额定功率/转速（kW，r/min）	6.3/3 600
整机重量（kg）	396
外形尺寸（长×宽×高，mm）	2880×2110×2710
喷杆喷幅（m）	6
工作压力（MPa）	0.3～0.5
液泵流量（L/min）	45
药箱容积（L）	300
最大行走速度（km/h）	4
后轮轮距（mm）	1 200～2 000（可调）

图2-82　3WPZ3-300型自走式喷杆式喷雾机

例2　3WPZ-500型自走式喷杆喷雾机（图2-83）：

结构型式	四轮自走式	配套动力	立式水冷三缸四冲程柴油机
额定功率/转速（kW，r/min）	14.7/2 500	整机重量（kg）	910
外形尺寸（长×宽×高，mm）	3980×1770×2430	喷杆喷幅（m）	11
工作压力（MPa）	0.3～0.5	液泵流量（L/min）	40
药箱容积（L）	500	最大行走速度（km/h）	11
轮距（mm）	1 540	有效离地高度（mm）	1 100

图2-83　3WPZ-500型自走式喷杆喷雾机

2.3.3.2 背负式喷雾喷粉机

（1）背负式喷雾喷粉机

◆ 功能及特点

背负式喷雾喷粉机由二冲程汽油机、风机、药箱和喷射部件组成，雾化性能好，适应性强，既可用来喷施液剂、粉剂，也可喷洒颗粒状肥料。缺点是劳动强度大。

◆ 相关生产企业

北京格瑞蓝达生物科技有限公司、江苏南通黄海药械有限公司、山东华盛农业药械有限责任公司、山东临沂亚圣机电有限公司、山东卫士植保机械有限公司、山东永佳动力股份有限公司、浙江台州信溢农业机械有限公司等。

◆ 典型机型技术参数

例1 3WF-18型背负式喷雾喷粉机（图2-84）：

发动机型式	单缸二冲程风冷汽油机
标定功率/转速（kW，r/min）	1.5/5 750
药箱容积（L）	14
净重（kg）	12
外形尺寸（长×宽×高，mm）	410×540×630
水平射程（m）	≥12
水平喷雾量（kg）	≥2.3
水平喷粉量（kg）	≥2

图2-84 3WF-18型背负式喷雾喷粉机

例2 格瑞蓝达3WF-18型背负式喷粉机（图2-85）：

动力型式	直流电机
标定功率/转速（W，r/min）	300/10 000
出粉量（g/min）	≤2
药箱容积（L）	1
喷粉射程（m）	8～10

图2-85 格瑞蓝达3WF-18型背负式喷粉机

注：该型背负式喷粉机配以特制的粒径很细的粉剂可以很少的施药量达到较理想的防治效果。每公顷地用粉量可精确控制在1 500g以内，施药时间为45～75min，出粉量和风速可自由调节。特别适合设施大棚等高湿环境内的植保作业。

（2）背负式动力喷雾机

◆ 功能及特点

背负式喷雾机由汽油机、柱塞泵、药箱和喷枪组成，可配备直射可调喷枪、扇形三喷头喷杆，喷射距离达6～8m，扇形喷杆可随意翻转进行蔬菜的叶背、叶面的喷洒。柱塞泵配有自回流过压保护装置，压力可自由调节。适用于小田块或大棚蔬菜、果树的植保作业。

◆ 相关生产企业

山东华盛农业药械有限责任公司、山东卫士植保机械有限公司、浙江程阳机电有限公司、浙江富士特公司、浙江台州信溢农业机械有限公司等。

◆ 典型机型技术参数

以CY-769型背负式动力喷雾机为例（图2-86）：

发动机型式	单缸二冲程风冷汽油机
标定功率/转速（kW，r/min）	0.8/7 000
药箱容积（L）	14
净重（kg）	10
外形尺寸（长×宽×高，mm）	405×340×650
工作压力（MPa）	1.5～2
喷枪喷量（L/min）	6

图2-86　CY-769型背负式动力喷雾机

（3）烟雾水雾两用弥雾机

◆ 功能及特点

烟雾水雾两用弥雾机采用免维护脉冲喷气式发动机，整机工作时无一转动部件，无需润滑系统，构造简单，故障率低，使用寿命长，维护保养简单。具有用药量少、省时省力、功效快、药效持久等特点，应用较广泛。

◆ 相关生产企业

江苏南通市广益机电有限责任公司、山东厚发农业装备有限公司、山东寿光市佳福农业机械有限公司、山西恒昌信能源有限公司等。

◆ 典型机型技术参数

以HF-7K烟雾水雾两用弥雾机为例（图2-87）：

外形尺寸（长×宽×高，mm）	1280×180×300
启动电源	12V/6Ah充电锂电池
启动方式	智能按键电启动（带电量显示）
药箱容积（L）	15
整机重量（kg）	7
喷雾量	每桶15L需8～10min

图2-87　HF-7K烟雾水雾
两用弥雾机

2.3.3.3　电动喷雾器

◆ 功能及特点

电动喷雾器按携带方式分背负式、肩挎式和小车式，是目前国内蔬菜生产特别是大棚中施药的主要设备。

◆ 相关生产企业

山东卫士植保机械有限公司、山东金奥机械有限公司、浙江台州信溢农业机械有限公司、浙江花喷雾器有限公司、中国市下控股集团等。

◆ 典型机型技术参数

例1　肩挎式电动喷雾器（图2-88）：

药箱容量（L）	5
工作压力（MPa）	0.10～0.3
整机重量（kg）	2.2
蓄电池电压/容量（V/Ah）	6/7.5
喷头型式	扇形雾喷头（可调喷头）
续航能力	一次充电可喷150L药液

图2-88　肩挎式电动喷雾器

例2　3WBD-18型背负式电动喷雾器（图2-89）：

药箱容量（L）	18
工作压力（MPa）	0.10～0.4
整机重量（kg）	5.8
蓄电池电压/容量（V/Ah）	12/8
液泵	隔膜泵
喷头型式	扇形雾喷头（可调喷头）

图2-89　3WBD-18型背负式
电动喷雾器

例3　小车式电动喷雾器（图2-90）：

药箱容量（L）	40
工作压力（MPa）	0.10～0.5
蓄电池电压/容量（V/Ah）	12/10
液泵	隔膜泵
喷头型式	扇形雾喷头（可调喷头）

图2-90　小车式电动喷雾器

2.3.3.4　担架式（推车式）机动喷雾机

◆ **功能及特点**

担架式（推车式）机动喷雾机由三缸活塞泵及汽油机、机架、喷射部件、卷管支架及喷雾胶管等配套组成。根据移动方式不同分为担架式和推车式，便于田间转移，它具有调压方便、流量稳定、使用可靠、效率高等优点。可用于大田作物和花卉、林果等的植保。

◆ **相关生产企业**

北京丰茂植保机械有限公司、江苏南通黄海药械有限公司、江苏苏州农业药械有限公司、山东博胜动力科技股份有限公司、山东金奥机械有限公司、浙江台州市丰田喷洗机有限公司、浙江台州荣盛科技泵业有限公司、浙江台州信溢农业机械有限公司等。

◆ **典型机型技术参数**

以3WKY-40担架式（或3WKF-15推车式）机动喷雾机为例（图2-91、图2-92）：

整机重量（kg）	43	配套动力	单缸四冲程汽油机
额定功率/转速（kW，r/min）	4.0/3 000	液泵型式	三缸活塞泵
液泵流量（L/min）	36～40	工作压力（MPa）	1.0～2.5
泵工作转速（r/min）	700～800	最大作业幅宽（m）	15

图2-91　3WKY-40担架式机动喷雾机　　　图2-92　3WKY-15推车式机动喷雾机

2.3.3.5　静电喷雾机

◆ 功能及特点

静电喷雾器在作物上部喷洒，正反叶面及隐蔽部位均能受药，具有杀虫效果好、节省农药、功效高的优点，广泛适用于大田和设施作物的植保。按喷雾方式可分为直喷式、喷杆式，按机架结构型式可分为背负式、推车式、车载式。

◆ 相关生产企业

江苏常州亚美柯机械设备有限公司、江苏苏州稼乐植保机械科技有限公司、山东卫士植保机械有限公司等。

◆ 典型机型技术参数

例1　背负式静电喷雾器（图2-93）：

喷雾型式	静电集束型和扇形静电弥雾型
药箱容量（L）	16
流量（L/h）	40～85
工作压力（MPa）	0.4～0.6
雾滴直径（μm）	20～60
蓄电池（V/Ah）	12/8（铅酸电池）、12/5（锂电池）
静电电压（kV）	20～30

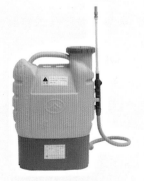

图2-93　背负式静电喷雾器

例2　3WJD-25A型背负式静电喷雾机（图2-94）：

喷雾型式	静电集束型和扇形静电弥雾型
药箱容量（L）	25
发动机型式	单缸二冲程风冷汽油机
标定功率/转速（kW，r/min）	0.75/7 600
液泵型式	三缸柱塞泵
工作压力（MPa）	1.5～3.5
喷枪喷量（L/min）	6
水平射程（m）	8
荷电方式	感应式

图2-94　3WJD-25A型背负式静电喷雾机

例3　推车式静电喷雾器（图2-95）：

喷雾型式	静电集束型和扇形静电弥雾型
药箱容量（L）	150
流量（L/h）	120±30
工作压力（MPa）	0.8～0.9
水平射程（m）	8
雾滴直径（μm）	30～60
蓄电池（V/Ah）	24/20（铅酸电池）
静电电压（kV）	20～30

图2-95　推车式静电喷雾器

2.3.3.6　履带自走式喷雾机

◆ **功能及特点**

　　履带自走式喷雾机体积小，转弯半径小，操作灵活方便，适合在大棚、林间使用。还可实现遥控作业，各喷头喷雾方向也可单独控制。

◆ **相关生产企业**

　　江苏南通市广益机电有限责任公司、筑水农机（常州）有限公司、苏州博田自动化技术有限公司等。

◆ **典型机型技术参数**

以3WG-8-1型履带自走式喷雾机为例（图2-96）：

操作方式	无线遥控
外形尺寸（mm）	1900×740×1020
药箱容积（L）	210
油箱容积（L）	26
射程（m）	6（扇形）
喷药量（L/h）	100～600

图2-96　3WG-8-1型履带自走式喷雾机

2.3.3.7 杀虫灯

◆ **功能及特点**

杀虫灯是根据昆虫具有趋光性的特点，利用昆虫敏感的特定光谱范围的诱虫光源，诱集昆虫并能有效杀灭昆虫，降低病虫指数，防治虫害和虫媒病害的专用装置。按电源类型可分为交流电杀虫灯、蓄电池杀虫灯和太阳能杀虫灯等几种，目前市场上常用的是太阳能杀虫灯。

◆ **相关生产企业**

安徽天康集团股份有限公司、广东广州包氏环保科技有限公司、广东中山市瀚麟能源科技有限公司、河北禾峰电子科技有限公司、江苏苏州三缘新能源科技有限公司、江苏苏州尚科新能源有限公司、江苏鑫田电子科技有限公司、江苏扬州市宝迪照明科技有限公司等。

◆ **典型机型技术参数**

以TKVF05W-30型太阳能杀虫灯为例（图2-97）：

外形尺寸（长×宽×高，mm）	800×600×600
蓄电池（V/Ah）	12/10
高压网电压（V）	6 000±115
撞击面积（m²）	＞0.25
诱虫光源类型	LED
波长（nm）	320～680
绝缘电阻（Ω）	≥2.5×106
续航时间（d）	5（连续阴雨天）

图2-97 TKVF05W-30型太阳能杀虫灯

2.4 环境调控装备

影响蔬菜生长的环境因子主要包括温、光、气、水、土壤五大环境要素，相关调控装备的种类有很多。有关节水灌溉的装备已在其他章节介绍过，本节着重介绍加温、保温、降温、补光、通风、二氧化碳增施、臭氧消毒、基质处理、土壤消毒等方面的装备。

2.4.1 加温装备

2.4.1.1 热风炉

◆ **功能及特点**

热风炉是一种通过输出热风对环境空气进行加热的热源设备，可将燃料的热量转移到空气中，提高空气温度。按照燃料类型可分为燃煤热风炉、燃油热风炉、燃气热风炉和生物质热风炉。热风炉的主要组成部件有燃烧室、热交换器、风机等。热空气通过风机和热风输送管道可均匀分布于温室，并在温室内循环流动。受到燃料价格和目标温度的影响，燃煤式热风炉和生物质热风炉常用于拱棚、连栋大棚等中小型温室结构。燃油热风炉使用较少，一般用于智能控制玻璃温室。

◆ **相关生产企业**

常州市第二干燥设备厂有限公司、常州市巨凯干燥设备有限公司、靖江万泰机械制造有限公司、聊城双能采暖工程有限公司、山东邦华热能工程有限公司、山东华龙农业装备有限公司、山东翔能温控设备有限公司、潍坊顺阳热能设备有限公司、扬州大唐热能机械制造有限公司、浙江省永康市国邦锅炉制造有限公司、郑州宏凯机械设备有限公司等。

◆ **典型机型技术参数**

例1 SN-1000型燃煤热风炉（图2-98）：

供暖面积（m²）	500～1 000
额定风量（m³/h）	7 000
热风温度（℃）	150
热效率（%）	95
额定燃煤（油）量（kg/h）	27
经验燃煤量（kg/d）	12
外形尺寸（直径×高，mm）	1000×1950
重量（kg）	780

图2-98 SN-1000型燃煤热风炉

例2 翔能系列生物质颗粒热水锅炉（图2-99）：

额定功率（kW）	60～7 000
发热量（kJ/h）	20.9万～2 508万
额定出水压力	常压
额定出水温度（℃）	85
热效率（%）	≥92

图2-99 翔能系列生物质颗粒热水锅炉

2.4.1.2 热泵

◆ **功能及特点**

热泵是一种将低位热源的热能转移到高位热源的装置，通常是从自然界的空气、水或土壤中获取低品位热能，经过电力做功，然后再向生产提供可被利用的高品位热能。根据热源种类不同，热泵可系统地分为空气源热泵、水源热泵、地源热泵、双源热泵（水源热泵和空气源热泵结合）等，空调就是一种空气源热泵系统。环控连栋温室和智能温室等常用地源热泵和水源热泵。地源热泵是一种利用浅层地热资源（也称地能，包括地下水、土壤或地表水等）的既可供热又可制冷的高效节能设备。通常地源热泵的COP（性能系数）＞4，即消耗1kW·h的能量，用户可以得到4kW·h以上的热量或冷量。水源热泵是一种利用自然界水体中能量的供热供冷系统，根据热源热汇的不同，可以分为地下水源热泵系统和地表水源热泵系统。水源热泵的COP（性能系数）为3.5～4.5。

◆ **相关生产企业**

北京华誉能源技术股份有限公司、北京恒有源有限责任公司、江苏天舒电器股份有限公司、潍坊瀚泓节能温调设备公司、杨凌隆科来福现代农业节能设备有限公司等。

◆ **典型机型技术参数**

以北京西三旗生态园地源热泵系统为例：

系统配置	热泵主机2台（1用1备）
制热工况	功率1 251 kW/耗电功率258 kW
制冷工况	功率1 020 kW/耗电功率192 kW
风机盘管配置	331台（每台功率5 W）

注：温室面积9 504m²，跨度33m，开间8m，天沟高7.5m，顶高8.65m，温室主体骨架为工字钢结构。
　　生态酒店内种热带植物，室内温度全天保持在22℃左右，室内外温差最大可达26℃。使用地源
　　热泵比使用普通空调节约能耗30%左右。

2.4.2　保温装备

◆ **功能及特点**

卷帘机是用于驱动日光温室外保温材料收放的设备，为日光温室生产过程中补光、增温、省力、提效发挥了巨大的作用。按照卷铺方式可分为卷绳式和卷轴式；按照动力和支撑装置的安装位置可分为前置式、后置式和侧置式；按照减速机结构可分为齿轮式和蜗轮蜗杆式。

◆ **相关生产企业**

北京京鹏环球科技股份有限公司、沧州新厚璞农业设施有限公司、德州金展减速机有限公司、广州市彦高机电科技有限公司、合肥信达环保科技有限公司、山东寿光中昌设施农业发展有限公司、上海浦东行传机械制造有限公司、寿光市金鹏现代农业设施装备有限公司、潍坊大众机械有限公司、淄博市博山博格曼传动电器厂等。

◆ **典型机型技术参数**

以ZC-S-100型卷帘机为例（图2-100）：

外形尺寸（长×宽×高，mm）	545×356×330	主机重量（kg）	52
配套动力（kW）	1.5～3.0	最大卷放长度（m）	100
最大输出扭矩（N·m）	1 000	输出转速（r/min）	1.2
上卷时间（min）	10±1	下放时间（min）	9±1

图2-100　卷帘电机及卷帘机

2.4.3 通风降温装备

温室内空气湿度和CO_2浓度是影响作物生长的重要因素，通风作为调节空气湿度、CO_2浓度、温度的重要手段发挥着不可替代的作用。此外，夏季温室栽培常出现高温现象，降温技术装备是实现温室周年栽培的必要措施。

2.4.3.1 卷膜器

◆ **功能及特点**

卷膜器是指用于驱动温室、大棚侧墙或屋面塑料薄膜卷起或展开的设备，主要由传动箱、卷膜轴、爬升导杆等部件组成。按照驱动方式可分为手动式和电动式；按照传动方式不同可分为爬升式、臂杆伸缩式，爬升式常用于侧墙等垂直表面，臂杆伸缩式还可用于温室屋面等弧形表面。与控制系统配合，卷膜器还可实现精确定位卷膜。

◆ **相关生产企业**

泊头市德凯机械有限公司、泊头市助农温室大棚配件厂、佛山市南海区国凯园艺设备厂、骑士（上海）农业技术有限公司、台州丰功温室设备有限公司、潍坊大众机械有限公司、寿光润通温室科技有限公司等。

◆ **典型机型技术参数**

以GZ-A-DJ60W电动卷膜器为例（图2-101）：

电压（V）	24	电机功率（W）	60
输出转速（r/min）	4	输出转矩（N·m）	≤50
重量（kg）	2.6		

图2-101　卷膜电机及卷膜器

2.4.3.2 湿帘风机系统

◆ **功能及特点**

风机系统利用风机气流作为动力，强制实现温室内外气体交换。通风机是风机通风系统中的主要设备，根据通风原理不同，风机系统可分为进气通风（正压通风）、排气通风（负压通风）、进排气通风三种。进气通风对温室密闭性要求不高，出风口位于室内，大风量时易造成出风口区域风速过大影响作物，不易实现大风量，因此与分布有小孔的风管或盘管配合使用，有助于提高气流均布性。排气通风易实现大风量通风，常与湿帘配套使用，利用蒸发冷却原理，得到更高的降温效果，是最常见的一种通风降温方式。进排气通风系统是同时使用风机进行送风和排风的设备，设备较多，投资较高，应用较少。

◆ **相关生产企业**

北京市畜牧机械厂、广州倍利机电科技有限公司、江阴市格利特空气处理设备有限公司、江阴市顺成空气处理设备有限公司、骑士（上海）农业技术有限公司、青州市祥力轻工设备有限公司、青州市金旭温控设备厂、山东杰诺温控设备制造有限公司、山东华龙农业装备有限公司、天津市红旗制冷设备公司等。

◆ **典型机型技术参数**

以9FJ-900风机为例（图2-102）：

扇叶直径（mm）	900	扇叶电机转速（r/min）	540
风量（m³/h）	32 000	噪音（db）	≤64
功率（kW）	0.55	外形尺寸（长×宽×高，mm）	1000×1000×500

图2-102 降温风机及湿帘

2.4.3.3 喷雾降温系统

◆ **功能及特点**

喷雾降温系统是在温室作物冠层以上的空间，喷出粒径极小的漂浮细雾，细雾未降落在作物叶面之前就已蒸发汽化，通过水蒸气中的显热和潜热交换带走多余热量。根据雾化原理不同，主要分为高压液力雾化、低压气力雾化、离心雾化三种。一般主要由水源、水泵、雾化器、压力管路、喷头、控制柜等组成。压力水通过喷头后，雾化为直径0.02～0.05mm的雾粒。在自然通风温室中，同时使用室内遮阳网和室内喷雾系统，可取得较好的降温效果。但喷雾系统会显著提高温室内空气湿度，因此不适于夏季高湿气候区域使用。

◆ **相关生产企业**

北京金迈德利环保科技有限公司、广州奥工喷雾（集团）公司、骑士（上海）农业技术有限公司、上海金嘉乐空气技术有限公司、上海博雾环保科技有限公司、寿光市泰源农业科技发展有限公司、韩国Taeintech公司等。

◆ **典型机型技术参数**

以LX-Ⅲ喷雾加湿器为例（图2-103）：

风量（m³/h）	5 880
加湿量（kg/h）	30
水压（MPa）	0.1 ~ 0.6
单机覆盖面积（m²）	200 ~ 500

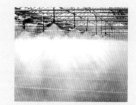

图2-103　LX-Ⅲ喷雾加湿器

2.4.4　补光装备

温室内的光照状况要比露地差得多，一般仅为露地的30% ~ 70%，尤其是在冬季和早春季节，室内光照强度不能满足作物生长的需求。利用人工光源对作物进行补光照射，可以获得更好的产品品质和商业效益。温室中常用荧光灯、高压水银灯、钠灯、LED补光灯等，其中钠灯和LED补光灯使用更广泛。但由于补光系统的初期投资和运行费用都较高，一般常用于观光温室或智能温室。

2.4.4.1　钠灯

◆ **功能及特点**

钠灯是汞和钠蒸气发光的气体发光光源，分为高压钠灯和低压钠灯两种。高压钠灯是温室最常用的补光光源，发光光谱中有较多的红橙光和较少的蓝绿光，与植物的吸收光谱更接近。发光效率较高，寿命较长（约16 000h），目前在温室补光中使用较多。低压钠灯的发光光谱集中在589nm的黄色光区，光效很高，但通常只能与其他光源配合使用，且由于发热量小，低压钠灯可以近距离照射作物。

◆ **相关生产企业**

飞利浦照明（中国）投资有限公司、杭州三兴照明电器有限公司、德国欧司朗公司、美国GE公司等。

◆ **典型机型技术参数**

以SON-T 150W E E40 SLV为例（图2-104）：

功率（W）	150
光通量（lm）	154 500
光效（lm/W）	1 030
寿命（h）	28 000
色温（K）	2 000
光质调节	不可以

图2-104　高压钠灯

2.4.4.2 LED补光灯

◆ **功能及特点**

LED（light-emitting diode）即发光二极管，具有节能、环保、稳定性等特征，已经在照明领域得到了广泛的应用。与常用设施人工光源荧光灯和高压钠灯等光源相比，LED具有节能性、光谱可调性、良好的点光源性、冷光性以及优良的防潮性等优点，可以对植物近距离照射和对空间的不同位置进行不同波长的逐点照射，以较少的耗能获得较好的补光效果，这样不仅可以实现对密集种植作物的低矮位置和对分层种植作物的按需补光，还可以实现对同一种作物的不同部位的不同种类光的补光。

◆ **相关生产企业**

北京华农农业工程技术有限公司、飞利浦照明（中国）投资有限公司、四川新力光源股份有限公司等。

◆ **典型机型技术参数**

以某型LED灯板为例（图2-105）：

功率（W）	28	输入电压（V）	220
光通量（lm）	19 601	色温（K）	3 000～5 700
寿命（h）	30 000	光质调节	可以

图2-105　LED补光系统

2.4.5　空气调节装备

2.4.5.1　CO₂增施机

◆ **功能及特点**

CO_2是植物光合作用的重要原料之一，在温室中使用CO_2发生器不仅可明显增加农作物的产量和抗病能力，而且对土壤活性和环境无任何副作用，具有极高的经济效益及生态效益。全自动CO_2增施机利用红外气体分析技术及智能控制技术可实现自动运行并提高设备的安全性能。

◆ **相关生产企业**

北京金福腾科技有限公司、江苏健威有害生物防治技术服务有限公司等。

◆ **典型机型技术参数**

以CA型CO_2增施机为例（图2-106）：

燃气种类	液化石油气	排气方式	强制排气式
点火方式	火花塞点火	使用面积（m^2）	1 000
燃气消耗量（kg/h）	1.4	二氧化碳产量（kg/h）	4.2
额定电源（V，Hz）	220/50	热负荷（kW）	20
外形尺寸（长×宽×高，mm）	600×280×420	重量（kg）	11

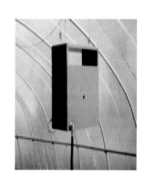

图2-106　CO_2增施机

2.4.5.2 空气臭氧消毒机

◆ **功能及特点**

温室臭氧灭害技术是利用臭氧的强氧化作用来防治温室病虫害的发生，具有无污染、无残留的特点，对常见的灰霉病、霜霉病等气传病害，疫病、蔓枯病等土传病害效果显著。臭氧空气消毒机有固定式和移动式两种。固定式臭氧发生器投资较大，需要安装管路；移动式臭氧发生器占地面积小，可根据需要随时移动，工作效率更高。

◆ **相关生产企业**

广州宏环电器科技有限公司、呼和浩特市亿佳田环境科技开发有限公司、南京益隆高科技有限公司、青岛欣美净化设备有限公司、上海康特环保科技发展有限公司等。

◆ **典型机型技术参数**

以HH023型移动式温室臭氧发生器为例（图2-107）：

外形尺寸（长×宽×高，mm）	500×400×900
臭氧产量（g/h）	40
气源	空气源
电源（V，Hz）	220/50
功率（W）	900
适用体积（m^3）	500～600

图2-107　温室臭氧发生器

2.4.5.3　空间电场

◆ **功能及特点**

空间电场防病促生技术是在空间电场力的作用下产生大量的阴阳带电离子，温室内的雾气、粉尘等悬浮物会被这些存在于空气中的带电离子吸附，继而可以吸附于地面、设施墙壁、作物表面等处，同时附着在雾气、粉尘上的大部分病原微生物也会在高能带电粒子、臭氧的双重作用下被杀死灭活。空间电场技术可以抑制雾气的升腾和粉尘的飞扬，隔绝了气传病害的气流传播渠道，使农业生产环境持续保持少菌少毒状态。

◆ **相关生产企业**

大连亿佳田园环境科技有限公司、大连市农业机械化研究所、呼和浩特市亿佳田环境科技开发有限公司、上海众联仪表厂、泰安市岱岳区七彩彩虹机械设备有限公司、无锡比蒙科技有限公司等。

◆ **典型机型技术参数**

以3DFC-450型温室电除雾防病促生机为例（图2-108）：

输入电压（V, Hz）	AC220±15, 50/60
输出电压/电流（kV/mA）	30 ~ 45/0.4
最大输出功率（W）	18
最大控制面积（m²）	450
最佳控制面积（m²）	200 ~ 350
控制模式	停30 ~ 60min/工作15 ~ 30min

图2-108　日光温室空间电场

2.4.6　温室环境控制系统

◆ **功能及特点**

为了让作物正常生长并且获得更高的产量和利润，需要精确控制温室内的气候环境。光照、温度、空气湿度和CO_2浓度等主要气候因子之间存在相互影响，因此需要综合考虑这些要素才能达到最好的环境控制效果。环境控制系统及设备（图2-109）用于监测和控制温

室的气候，可创造全面理想的温室内部环境。有的控制系统还内嵌了作物生长收获的数据分析处理功能，可有效优化统筹温室内作业，提高生产效率。

◆ 相关生产企业

北京京鹏环球科技股份有限公司、北京普瑞瓦国际贸易有限公司、骑士（上海）农业技术有限公司、上海洲涛智能技术有限公司、寿光蔬菜产业控股集团等。

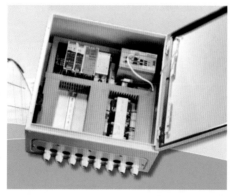

图2-109 温室环境控制系统

2.4.7 土壤基质处理装备

2.4.7.1 基质搅拌机

◆ 功能及特点

基质搅拌机主要包括机体、刮板提升机构、搅拌机构和喷淋管组件，可实现自动化连续基质供应。还可以根据不同的育苗种类灵活调整土壤基质所需水分，提高生产效率。基质装填机主要用于花卉苗木产业，包括基质搅拌提升机构、自动落盆机构和花盆移位机构等部分，可实现基质的自动搅拌和装填。

◆ 相关生产企业

北京华农农业工程技术有限公司、美国Bouldin & Lawson公司、美国Ellis Products等。

◆ 典型机型技术参数

以MixMaker 15型号为例（图2-110）：

外形尺寸（长×宽×高，mm）	10000×1300×1600
生产能力（m³/h）	12
重量（t）	3

图2-110 基质搅拌机

2.4.7.2　土壤（基质）物理消毒机

土壤（基质）消毒是控制土传病害的重要措施之一，主要有药剂处理和物理消毒两大类，其中物理消毒方式近年来得到更多的关注。根据消毒原理的不同，土壤（基质）物理消毒装备可分为电处理法、加热法（包括蒸汽式、热水式、火焰式）。

（1）电消毒机

◆ **功能及特点**

土壤电消毒法是指通过在土壤中通入直流电或正（负）脉冲电流引起的电化学反应生成物及电流来杀灭土壤微生物、根结线虫、韭蛆、蛴螬等土壤病虫源和分解前茬作物根系分泌的有毒有机酸，以及解吸难溶矿物质营养的物理植保方法。土壤电消毒法的实施通常由土壤连作障碍电处理机来完成，包括主电源、带夹电缆、电极板、介导颗粒、强化剂组成。

◆ **相关生产企业**

大连亿佳田园环境科技有限公司等。

◆ **典型机型技术参数**

以3DT-480型土壤电消毒机为例（图2-111）：

使用电压（V，Hz）	220/50	额定输入电流（A）	32.4
输出电流调节（A）	10～250	额定输出电压（V）	30
作业效率（m²/h）	80		

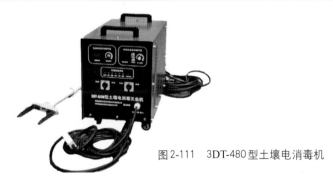

图2-111　3DT-480型土壤电消毒机

（2）臭氧水消毒机

◆ **功能及特点**

将制备的臭氧水灌溉到土壤中后，臭氧在氧化分解过程中将土传病虫害的细胞氧化分解，使其失去活性，最终死亡。臭氧水还可用于喷洒叶面果实，达到高效杀菌，防治各种细菌类、真菌类、病毒类病虫害。

◆ **相关生产企业**

济南润土农业科技有限公司、江苏耕创农业科技发展有限公司、山东惠生现代农业有限公司、山东泽恩农业科技股份有限公司等。

◆ **典型机型技术参数**

以土地卫士-1型土壤臭氧水消毒机为例（图2-112）：

臭氧产量（g/h）	30 ～ 40
臭氧浓度（mg/L）	35
工作压力（MPa）	0.03 ～ 0.07
空气露点（℃）	≤ 40
冷却水温度（℃）	≤ 25
冷却水量（kg/h）	100
电耗（k·Wh/kg）	≤ 15
总配电源（V, Hz, kW）	220/50/1

图2-112 土地卫士-1型土壤臭氧水消毒机

（3）蒸汽消毒机

◆ 功能及特点

土壤（基质）蒸汽消毒是将高温蒸汽通过导管通入到消毒箱中的栽培基质或土壤中，来杀死杂草和细菌、真菌、病毒等病原微生物的消毒方法。一般包含蒸汽发生装置、换热装置和水质软化装置，可实现蒸汽温度120 ～ 200℃的连续可调，使基质或土壤温度达到80℃以上。同时，蒸汽消毒有助于改善土壤团粒结构和恢复团粒活性，提高土壤排水性和通透性，具有高效清洁、无毒、无残留，处理后短期内即可播种以及能消毒基质等优点，是有效的替代溴甲烷的土壤消毒技术。

◆ 相关生产企业

北京京鹏环球科技股份有限公司、北京中锦国仪科技发展有限公司、上海帅耀诺机械科技有限公司、丹麦Egedal Maskinfabrik、意大利Ferrari Costruzioni Meccaniche等。

◆ 典型机型技术参数

以SB-2000型土壤（基质）蒸汽消毒机为例（图2-113）：

蒸汽产量（kg/h）	2 000
耗煤量（kg/h）	150
消毒面积（m²）	300 ～ 400

图2-113 SB-2000型土壤（基质）蒸汽消毒机

（4）热水消毒机

◆ 功能及特点

土壤（基质）热水消毒是将热水注入土壤（基质）进行杀菌消毒的土壤（基质）处理方式，无污染、无残留，符合有机农业要求。一般主要由主机和供水管路两部分组成，点火8 ～ 10min，便可连续提供高温热水。常使用燃煤作为能源，体积小，移动方便。

◆ 相关生产企业

北京特玛特机械设备有限公司、上海恒秋机电设备有限公司、天津市韩正机械设备有限公司等。

◆ **典型机型技术参数**

以HU-500A型热水消毒机组为例（图2-114）：

额定功率（kW）	580
热效率（%）	92
出热水量（t/h）	6
出水温度（℃）	95
耗煤量（kg/h）	70
总耗电量（kW·h）	3.3
自重（kg）	1 325
外形尺寸（长×宽×高，mm）	1670×1250×1810

图2-114　HU-500A型热水消毒机组

（5）火焰消毒机

◆ **功能及特点**

土壤火焰消毒机的原理是利用火焰高温使生物体内的蛋白质发生不可逆的变性，从而达到杀死细胞和机体的目的。与土壤蒸汽消毒机相比，操作简单，成本较低。工作时，装备进行土壤搅翻，将深层土壤旋翻出来并破碎成小颗粒，以燃气为燃料的燃烧器向旋翻的土壤表面喷射高温火焰，杀死土壤中的线虫。

◆ **相关生产企业**

安徽远大机械制造有限公司、山东中特机械设备有限公司、意大利Pirodiserbo公司等。

◆ **典型机型技术参数**

以远大公司自走式精旋土壤火焰杀虫机为例（图2-115）：

驱动方式	四轮驱动
额定功率（kW）	51.5
幅宽（cm）	135
耕深（cm）	0～25
耕深稳定性（%）	≥90
碎土率（%）	≥90（颗粒直径或最大边长＜1cm）
火焰最高温度（℃）	1 000±50
线虫灭杀率（%）	≥95

图2-115　自走式精旋土壤火焰杀虫机

2.4.7.3　土壤混药机

◆ **功能及特点**

土壤混药机主要包括旋耕部件、施药部件、压实部件。特殊设计的旋耕刀轴可将一定耕层范围的土壤打得非常细碎并与药剂均匀混合，镇压辊整平并压实土壤。

◆ **相关生产企业**

安徽远大机械制造有限公司、荷兰Imants BV公司、意大利FRIGO公司等。

◆ **典型机型技术参数**

以远大公司自走式精旋土壤混药机为例（图2-116）：

驱动方式	四轮驱动	额定功率（kW）	51.5
幅宽（cm）	135	耕深（cm）	0～25
耕深稳定性（%）	≥90	行走速度（m/h）	≤1 000
碎土率（%）	≥80（颗粒直径或最大边长＜2cm）		
施药量（kg/h）	≤100	土、药混合均匀度变异系数（%）	≤13

图2-116　自走式精旋土壤混药机

2.5　收获机械

收获是蔬菜生产全过程中用工最多、要求最高也是机械作业难度最大的一个环节。本书主要按根茎类、结球类叶菜、不结球类叶菜、茄果类分别介绍一些典型的蔬菜收获机械，另外介绍一些其他的收获机械及辅助收获的移动平台。

2.5.1　根茎类蔬菜收获机械

2.5.1.1　胡萝卜收获机

◆ **功能及特点**

胡萝卜收获机的主要功能是挖掘夹持收获，同时切顶，将胡萝卜装箱。欧美地区多以大型侧牵引联合收获机为主，技术先进、作业效率高，适合大面积作业；亚洲的日本、韩国及我国台湾地区多采用自走式中小型收获机械，机器结构紧凑，配套动力小，适用于小地块作业。按同时收获的行数来分，胡萝卜收获机可分为单行、双行、多行几种类型。荷兰迪沃夫公司的6行机型是目前最大的机型。

◆ **相关生产企业**

久保田农业机械（苏州）有限公司、青岛普兰泰克机械科技有限公司、许昌华丰实业有限公司、波兰 Wer Emczuk 公司、丹麦阿萨利（ASA-LIFT）公司、德国 Vogel 公司、法国西蒙公司、荷兰迪沃夫公司等。

◆ **典型机型技术参数**

例1 丹麦阿萨利CM1000型单行胡萝卜收获机（图2-117）：

牵引方式	悬挂式
主要配置	2.5m高侧输送臂
配套动力（kW）	60～89
外形尺寸（长×宽×高，mm）	3000×2300×2000
收获行数	1
适宜垄距（cm）	>30
适宜垄上多行行距（cm）	双苗带间距小于10
工作宽度（cm）	30
工作速度（km/h）	2～5
收获效率（hm²/h）	0.1
轮距（mm）	2 000

图2-117 丹麦阿萨利CM1000型单行
胡萝卜收获机

注：可以通过传送带袋装或箱装收获，或通过卷扬机装车收获。

例2 久保田CH-201C单行胡萝卜收获机（图2-118）：

牵引方式	背负式
配套动力（kW）	15
外形尺寸（长×宽×高，mm）	3355×2300×1840
整机重量（kg）	1 080
收获行数	1
工作速度（km/h）	＜3
适宜胡萝卜长度（mm）	300（萝卜缨除外）
适宜胡萝卜直径（mm）	20～70
临时贮袋容量（kg）	200
卸车方式	防落栅倾斜方式

图2-118 久保田CH-201C单行胡萝卜收获机

例3 迪沃夫GKIIS双行牵引式胡萝卜收获机（图2-119）：

配套动力（kW）	96
外形尺寸（长×宽×高，mm）	930×330×400
整机重量（kg）	7 100
作业行数（行）	2
工作幅宽（cm）	80～90
适宜垄距/株距（cm）	39～75
适宜垄上多行行距（cm）	40
轮距（mm）	1 800
工作效率（hm²/h）	0.53

图2-119 迪沃夫GKIIS双行牵引式
胡萝卜收获机

注：适收作物包括胡萝卜、萝卜、红甜菜、根茎菜等。

2.5.1.2 大葱收获机

◆ 功能及特点

大葱收获机主要有三种型式：一是与拖拉机配套的振动铲挖掘机，只能将大葱松土、抬升，部分机型可以挖起铺放；二是轮齿式和链轮齿式，只能在葱侧开沟，便于人工拔出；三是自带动力平台的大葱收获机，一般由挖掘铲、夹持机构、升运机构、铺放平台构成，由人工打捆收集。该机型也有牵引式的。有的大葱挖掘机机型与生姜挖掘机通用。根据葱的特性，机型在结构和功率上差别较大，章丘大葱根深叶茂，收获难度比较大，要求机具功率大、结构坚固。大葱收获机以单行作业为多，二行的较少。

◆ 相关生产企业

安丘市凯力农机制造有限公司、安丘市海源机械有限公司、安丘市瑞龙机械有限公司、安丘市三丰机械有限公司、青鸟德波机械有限公司、青岛泽瑞源农业科技有限公司、山东华龙农业装备有限公司、丹麦阿萨利（ASA-LIFT）公司、法国西蒙公司、日本小乔公司、日本洋马农业机械株式会社等。

◆ 典型机型技术参数

例1　海源大葱联合收获机（图2-120）：

配套动力（kW）	37	收获行数（行）	1
前进速度（km/h）	1.2 ～ 5		

注：前置拱土装置，出葱机最前方有能包住葱沟的定方向辊，可以使出葱机不会偏离方向，在使用手油门的前提下可以达到无人操作。放葱装置采用时间继电器跟气动相结合的装置，能根据大葱的产量来自由调节葱堆的大小。

图2-120　海源大葱联合收获机

例2　洋马HL1型大葱收获机（图2-121）：

外形尺寸（长×宽×高，mm）	3690×1630×1480
配套动力（kW）	4.6
行数	1
收获宽度（cm）	20
作业速度（m/min）	1.1 ～ 1.7
升降方式	液压
行走方式	履带自走式

图2-121　洋马HL1型大葱收获机

注：可完成自破土、大葱集束、打捆作业。

2.5.1.3 洋葱收获机

◆ **功能及特点**

洋葱收获较其他根茎类作物要复杂，作业过程包括：切秧灭秧、挖掘、输送、分离、铺条、捡拾、清选、装运。根据完成作业功能的多少，洋葱收获机主要分为一次完成一项功能的分段式收获和一次可完成几项功能的联合收获两大类。

◆ **相关生产企业**

黑龙江德沃科技开发有限公司、青岛洪珠农业机械有限公司、丹麦阿萨利（ASA-LIFT）公司、法国西蒙公司、日本洋马农业机械株式会社等。

◆ **典型机型技术参数**

例1 洋马HP90T洋葱收获机（图2-122）：

驱动方式	履带自走式
外形尺寸（长×宽×高，mm）	2315×2270×1585
整机重量（kg）	430
配套动力（kW）	3
作业速度（m/s）	0.15～0.7
收获宽度（mm）	900

图2-122 洋马HP90T洋葱收获机

注：可完成挖掘、输送、分离、铺条功能。

例2 德沃YW-1700洋葱收获机（图2-123）：

驱动方式	悬挂式
外形尺寸（长×宽×高，mm）	4200×2260×1250
整机重量（kg）	1 300
配套动力（kW）	58.8～88.2
作业速度（km/h）	3～5
作业效率（hm^2/h）	0.4～0.7
带式筛宽度（mm）	1 700

图2-123 德沃YW-1700洋葱收获机

注：可完成挖掘、输送、分离、铺条功能。

2.5.1.4 大蒜收获机

◆ **功能及特点**

大蒜收获机一般分为联合收获机和半机械化收获机。大蒜联合收获机可一次完成对大蒜的挖掘、去土、输送、整理、切茎、收集、转运等农艺环节。大蒜半机械化收获机是将大蒜从地里挖掘出来，铺放成条或堆，然后再由人工完成大蒜收获的后续环节，这类收获机功能单一，可以节省一些体力，难以实质性提高劳动生产效率。

◆ **相关生产企业**

肥城盛泰龙机械有限公司、江苏宇成动力集团有限公司、日照市立盈机械制造有限公司、鱼台县强进大蒜挖掘机制造厂等。

◆ **典型机型技术参数**

以宇成4DLB-2型大蒜联合收获机为例（图2-124）：

外形尺寸（长×宽×高，mm）	4218×2048×2860
额定功率（kW）	33
最低株高（cm）	30（株距不限）
生产率（hm²/h）	0.13～0.21
损失率（%）	1.1～2.3
含土率（%）	1.3～1.5
伤蒜率（%）	1.7～2.2
蒜头留梗长度（mm）	31.9～43.6
作业幅宽（cm）	80
设备可靠性系数（%）	≥95

图2-124 宇成4DLB-2型大蒜联合收获机

2.5.1.5 生姜收获机

◆ **功能及特点**

生姜收获要求比较高，收获后去土，且新姜块不分离。目前常见的为手扶操纵式，在变速箱输出轴两端增设侧传动箱，既可降低运行速度，又可提高整机离地间隙；采用深度刀割方式使土壤疏松从而达到挖掘收获的目的。既能收获大葱又能收获生姜，一机两用。这类生姜挖掘机械起到将土壤松动、抬升的作用，然后由人工拔起、去土，整棵存放后熟。

◆ **相关生产企业**

安丘市欧德机械有限公司、莱州市源田农业机械有限公司、潍坊道成机电科技有限公司、潍坊市华丰农业机械有限公司、潍坊同利达机械有限公司等。

◆ **典型机型技术参数**

以道成DC4US-600型生姜收获机为例（图2-125）：

型式	履带自走式
配套动力（kW）	7.7以上
轮距（mm）	720（可调）
最小离地间隙（mm）	470
作业幅宽（cm）	60～80
作业深度（cm）	35
作业效率（hm²/h）	0.1～0.13

图2-125 道成DC4US-600型生姜收获机

2.5.1.6 山药收获机

◆ **功能及特点**

山药因生长深，种植与挖掘难度均比较大，因此都采用开沟方式。山药收获机也主要有链式开沟机和旋钻式开沟机。

◆ **相关生产企业**

丰县益丰农业机械修造厂、丰县万鑫佳农业机械有限公司、潍坊森海机械制造有限公司、徐州鑫丰机械厂等。

◆ **典型机型技术参数**

以森海佐佐木4USY-1山药收获机为例（图2-126）：

配套动力（kW）	40.4 ~ 58.8
外形尺寸（长×宽×高，mm）	2170×1600×1900
挖掘深度（mm）	≤1 000
挖掘宽度（mm）	340
工作速度（km/h）	0.2 ~ 0.3
适应种植行距（mm）	900 ~ 1 100

图2-126 森海佐佐木4USY-1
山药收获机

2.5.2 结球类叶菜收获机械

2.5.2.1 甘蓝收获机

◆ **功能及特点**

可以进行甘蓝、大白菜类蔬菜的收获作业，有牵引式和背负式两种机型。收获的行数有1行和2行。多采用先切根后拾取的方式，输送带将收获后的甘蓝送至整理平台，由人工清理残叶并装箱。

◆ **相关生产企业**

丹麦阿萨利（ASA-LIFT）公司、意大利Hortech公司、加拿大HRDC公司、日本洋马农业机械株式会社等。

◆ **典型机型技术参数**

例1 意大利Hortech公司RAPID T甘蓝收获机（图2-127）：

连接方式	3点悬挂
配套动力（kW）	52 ~ 60
外形尺寸（长×宽×高，mm）	6500×可变数据×1700
净重（kg）	800
收获行数（行）	1
适用行距（cm）	最小35
作业速度（km/h）	约2
轮距（cm）	165
最大允许操作人数（人）	8

注：前叉（D）最大承重200kg，有独立的液压系统，配有泵和电磁阀；前置切割刀头，传感器调节切削深度；侧装货框装卸系统；后置踏足板和传送带，可放置收获箱（收获箱由用户自备）。

图 2-127　意大利 Hortech 公司 RAPID T 甘蓝收获机

例 2　阿萨利 MK 1000 甘蓝收获机（图 2-128）：

连接方式	背负式	配套动力（kW）	75 ～ 89
外形尺寸（长 × 宽 × 高，mm）	3000 × 2200 × 1800	净重（kg）	1 800
收获行数	1 行	适宜行距（cm）	最小 60
作业效率（颗 /s）	1		

注：通过前部的扶秧器，扶住甘蓝底部，将其导入到后续的切根装置。由一组圆盘式切刀，在甘蓝最底部的位置，切断球茎根部。通过网状皮带，夹住并带动甘蓝向后方运动。根据最终成品的要求，可选择除杂装置，去除表层的残叶。装卸平台，用于鲜食用途，由人工将甘蓝放入箱中；如果是用于加工用途，可选择通过输送带，直接装入翻斗车。

图 2-128　阿萨利 MK 1000 甘蓝收获机

例 3　洋马 HC125 型甘蓝收获机（图 2-129）：

驱动方式	履带自走式
配套动力（kW）	19
外形尺寸（长 × 宽 × 高，mm）	4875 × 2560（1825）× 1780
收获行数（行）	1
适用行距（cm）	≥ 60
最大载重量（kg）	400
作业效率（hm²/h）	0.37
作业人数（人）	3

图 2-129　洋马 HC125 型甘蓝收获机

2.5.2.2 结球生菜收获机

◆ **功能及特点**

适于结球类生菜的收获,主要机构包括履带底盘、切割刀、夹持输送带、整理平台等。先进的机型带有自动对行功能和自动润滑系统,带锯齿的圆盘刀片在电动液压感应系统控制下可调整切割高度。

◆ **相关生产企业**

意大利 Hortech 公司等。

◆ **典型机型技术参数**

以 Hortech 公司 RAPID SL 自走式生菜收获机为例(图2-130):

外形尺寸(长×宽×高,mm)	5000(7000)×2200(2450)×1800(2700)
驱动方式	履带自走式
配套动力(kW)	37
作业速度(km/h)	0～6
适应行距(cm)	≥25
收获行数(行)	4
轮距(cm)	120、150、170

图2-130 Hortech 公司 RAPID SL 自走式生菜收获机

2.5.3 不结球类叶菜收获机械

2.5.3.1 小白菜收获机

◆ **功能及特点**

适用于小白菜、茼蒿等密植型叶菜收获地表以上部分的茎叶,往复式割刀或带锯式割刀贴近地表切割,上部的叶菜经输送带提升,再由人工完成装箱。小白菜收获机有手扶式、乘坐式之分,按动力类型划分有电动、油动和电油混动等几种。

◆ **相关生产企业**

上海沧海桑田生态农业发展有限公司、上海康博实业有限公司、上海市农业机械研究所实验厂、美国萨顿农业机械有限公司、意大利 Hortech 公司、意大利 Ortomec 公司等。

◆ **典型机型技术参数**

例1 萨顿 MINI 电动自走式蔬菜收获机(图2-131):

电池电压	12V
整机重量(kg)	135
工作幅宽(cm)	71
作业行数	工作幅宽内
收割高度(cm)	0～5
电池续航时间(h)	3
工作效率(kg/h)	135

图2-131 萨顿 MINI 电动自走式蔬菜收获机

注:适用于小白菜、茼蒿等叶菜类,有切割头保护装置。

例2 上海农机所4GCZ-100型蔬菜收获机（图2-132）：

驱动形式	履带液压行走驱动，无级变速
配套动力（kW）	18.75
工作幅宽（cm）	100
割头形式	带刀式
生产率（hm²/h）	0.067 ~ 0.1

图2-132 上海农机所4GCZ-100型蔬菜收获机

例3 意大利Hortech公司SLIDE FW蔬菜收获机（图2-133）：

配套动力（kW）	24
整机重量（kg）	1 750
工作幅宽（cm）	130
作业行数	工作幅宽内
工作效率（km/h）	10

图2-133 意大利Hortech公司SLIDE FW蔬菜收获机

2.5.3.2 菠菜收获机

◆ **功能及特点**

适用于菠菜、香菜等需要连根一起收获的叶菜，可在土表以下一定深度进行切割作业，菜体留在原位，由人工捡拾装箱。该类机具也适合大蒜、洋葱的收获。

◆ **相关生产企业**

上海康博实业有限公司等。

◆ **典型机型技术参数**

以康博JT-1350型菠菜收获机为例（图2-134）：

配套动力（kW）	5.9 ~ 6.3
外形尺寸（长×宽×高，mm）	820×1550×820
作业幅宽（cm）	135
整机重量（kg）	121
收割深度（cm）	10 ~ 18

图2-134 康博JT-1350型菠菜收获机

注：康博JT系列菠菜收获机有JT-1100、JT-1350、JT-1550三种规格。

2.5.3.3 韭菜收获机

◆ **功能及特点**

适用于韭菜的对行收获，集收割、传送、收集于一体，柔软的皮带设计可保护韭菜叶不被伤害。

◆ **相关生产企业**

上海康博实业有限公司、盐城市新明悦机械制造有限公司等。

◆ **典型机型技术参数**

以康博JT-HV电动韭菜收割机为例（图2-135）：

外形尺寸（长×宽×高，mm）　　1500×600×700

电池电压（V）　　　　　　　　24

整机重量（kg）　　　　　　　　100

收获行数（行）　　　　　　　　1

传送方式　　　　　　　　　　传送带输送

图2-135　康博JT-HV电动韭菜收割机

2.5.4　茄果类蔬菜收获机

　　茄果类蔬菜的收获机械已经应用于生产的主要是针对加工型番茄、辣椒、籽瓜等少数几种蔬菜，都是统收式一次性收获，其他鲜食用的茄果类蔬菜收获机械还很难在生产中推广应用。

2.5.4.1　番茄收获机

　　◆ **功能及特点**

　　番茄收获机包括切割捡拾、输送、果秧分离、分选等部件。作业时，番茄果秧由往复式割刀割断，番茄秧及果实被捡拾装置捡拾后随输送带输送至果秧分离装置进行果秧分离，经过缝隙时可排出一部分的泥土、石块等杂质，分离后的番茄秧随回收输送带排出，果实随加工输送带输送至分选装置进行分选，经过鼓风机时可进一步去除碎片等杂质。分选装置中不符合要求的果实被剔除，符合要求的果实则输出装车。

　　◆ **相关生产企业**

　　石河子开发区石大锐拓机械装备有限公司、武汉威明德科技股份有限公司、美国CTM、意大利GUARESI、MTS、POMAC等。

　　◆ **典型机型技术参数**

以威明德4FZ-35型自走式番茄收获机为例（图2-136）：

外形尺寸（长×宽×高，mm）　　10100×5600×3600

配套动力（kW）　　　　　　　132

整车重量（kg）　　　　　　　11 500

作业幅宽（cm）　　　　　　　120

轴距（mm）　　　　　　　　　2 600

最小转弯半径（mm）　　　　　4 700

工作时速（km/h）　　　　　　3

图2-136　威明德4FZ-35型自走式
番茄收获机

色选仪：6SF-40型，灵敏度85%～95%，40通道

2.5.4.2　辣椒收获机

　　◆ **功能及特点**

　　辣椒收获机有分段式和联合式之分，在我国新疆、甘肃等地应用的主要是大型联合式

收获机。辣椒收获机的关键是采收和分离机构，有螺旋杆式、梳齿式、滚筒式三种。螺旋杆式是使辣椒茎秆进入采摘装置，转动的螺旋杆对辣椒秧茎进行持续敲打，将果实从茎秆上打落，实现果实与茎秆的分离；梳齿式是使梳齿插入辣椒秧茎，强制把果实从果柄上捋下，实现果实与茎秆的分离，根茎仍生长在地里；滚筒式是将整株切割后带果实的茎秆送至倾斜滚筒式分离装置，滚筒回转对辣椒秧茎进行反复打击，使果实脱落。

◆ **相关生产企业**

河北雷肯农业机械有限公司、新疆机械研究院股份有限公司、新疆中收农牧机械公司、美国OXBO公司等。

◆ **典型机型技术参数**

例1　新疆牧神4JZ-3600自走式辣椒收获机（图2-137）：

配套动力（kW）	92
作业方式	自走式不对行收获
作业幅宽（cm）	330
整机重量（kg）	8 300
生产率（hm²/h）	0.5 ～ 1
摘净率（%）	92
破损率（%）	10

图2-137　新疆牧神4JZ-3600自走式辣椒收获机

注：机具一次作业即可完成割幅范围内任意种植行距的辣椒采摘、纵向及横向输送、集装。

例2　雷肯4YZ-LJ型辣椒收获机（图2-138）：

配套动力（kW）	140
作业方式	自走式不对行收获
作业幅宽（cm）	104
整机重量（kg）	5 300
生产率（hm²/h）	0.13 ～ 0.21

图2-138　雷肯4YZ-LJ型辣椒收获机

注：底盘静液压无级变速，全车电控，液压传动（进口液压件），可增加清选功能。

2.5.5　其他蔬菜收获机

2.5.5.1　鲜玉米收获机

◆ **功能及特点**

鲜食玉米收获机是针对鲜食玉米果穗的收获，讲求快速高效，同时最大限度地减少对果穗的损伤。对玉米茎秆的处理有切碎收集和粉碎还田两种方式。先进机型的割台采用全液压操作系统，夹持式胶辊由极软的硅胶材质制成，能够解决传统的玉米收获机对果穗的损伤问题。

◆ **相关生产企业**

黑龙江九牧机械设备有限公司、河北雷肯农业机械有限公司、美国OXBO公司等。

◆ **典型机型技术参数**

以雷肯4YZT-4鲜玉米收获机为例（图2-139）：

配套动力（kW）	103
外形尺寸（长×宽×高，mm）	6600×2480×3200
整机重量（kg）	6 270
工作行数（行）	4
工作幅宽（cm）	244
适应行距（cm）	55～65
生产率（hm²/h）	0.2～0.4
籽粒破碎率（%）	≤1
果穗含杂率（%）	≤1.5
总破碎率（%）	≤4

图2-139 雷肯4YZT-4鲜玉米收获机

2.5.5.2 青毛豆收获机

◆ **功能及特点**

可在田间完成青毛豆采摘、清选、分拣入仓功能。有轮式和履带式两种底盘。

◆ **相关生产企业**

河北雷肯农业机械有限公司、江苏海门万科保田机械制造有限公司、丹麦阿萨利（ASA-LIFT）公司、法国布格因公司、日本松原机工等。

◆ **典型机型技术参数**

例1 雷肯4YZ-MD青毛豆收获机（图2-140）：

驱动型式	自走式		
外形尺寸（长×宽×高，mm）	8080×2630×3380		
配套动力（kW）	103	整机重量（kg）	6 530
工作幅宽（cm）	220	行走速度（km/h）	0～20

图2-140 雷肯4YZ-MD青毛豆收获机

例2 阿萨利GB 1000型青毛豆收获机（图2-141）：

驱动型式	牵引式
配套动力（kW）	67～89
外形尺寸（长×宽×高，mm）	4000×2000×2000
整机重量（kg）	1 600
收获行数（行）	1
收获行距（cm）	≥50
工作速度（km/h）	2～5
装卸方式	直接装箱

图2-141 阿萨利GB 1000型青毛豆收获机

例3 海门4LDZ-48青毛豆收获机（图2-142）：

配套动力（kW）	49.2	外形尺寸（长×宽×高，mm）	4500×2200×3000
整机重量（kg）	2 300	结构型式	拔取式
损失率（%）	4	清洁度（%）	98
破碎率（%）	2	作业效率（hm²/h）	0.07

图2-142 海门4LDZ-48青毛豆收获机

2.5.6 蔬菜收获移动平台

2.5.6.1 温室用升降移动平台

◆ **功能及特点**

主要用于温室、大棚内的搬运、运输，平台还有升降功能，以方便人工作业，减轻人工劳动强度，提高作业效率。有固定道作业和非固定道作业、手扶和乘坐、手控和遥控、电动和油动、轮式底盘和履带式底盘之分。履带式机型也可适用于果园作业。

◆ **相关生产企业**

北京华农农业工程技术有限公司、潍坊森海机械制造有限公司、潍坊拓普机械制造有限公司、枣庄海纳科技有限公司等。

◆ 典型机型技术参数

例1 华农碧斯凯Benomic-H4电动升降轨道车（图2-143）：

蓄电池（V/Ah）	24/110
驱动电机功率（kW）	0.37
整机重量（kg）	550
剪刀撑数量	4
适用轨距（cm）	42～80
机身长度（cm）	194
机身宽度（cm）	轨距+14
平台高度（cm）	71～570
提升重量（kg）	120
运行速度（m/min）	0～60

图2-143 华农碧斯凯Benomic-H4
电动升降轨道车

注：适于温室内固定轨道上运行。

例2 海纳电动升降采摘车（图2-144）：

外形尺寸（长×宽×高，mm）	1500×700×600
蓄电池（Ah）	60×4
整机重量（kg）	260
负载（kg）	350
举升高度（m）	2
升降方式	电动液压
操作方式	手把式方向控制
运行模式	低速、高速

图2-144 海纳电动升降采摘车

例3 森海7BY-500升降搬运车（图2-145）：

外形尺寸（长×宽×高，mm）	2460×900×1150
配套动力（kW）	5.5
整机重量（kg）	530
搬运箱尺寸（长×宽×高，mm）	1450×900×300
搬运重量（kg）	500
举升高度（m）	1.8
举升重量（kg）	500

图2-145 森海7BY-500升降搬运车

2.5.6.2 田间用运输移动平台

◆ 功能及特点

可在田间随蔬菜收获作业，完成输送、搬运等功能。有手扶和乘坐、电动和油动、轮式底盘和履带式底盘之分。履带式机型也可适用于果园作业。

◆ **相关生产企业**

山东华兴机械股份有限公司、无锡开普动力有限公司、筑水农机（常州）有限公司等。

◆ **典型机型技术参数**

例1　华兴4PTZ-120型自走式蔬菜作业车（图2-146）：

配套动力（kW）	4.8
行走系统	间隔0.8～1.5m点动
挡位	前进后退各两挡
轴距（cm）	120
行走轮距（cm）	110（可调）
工作台（长×宽，mm）	1600×1600（宽窄可调）

图2-146　华兴4PTZ-120型自走式蔬菜作业车

例2　筑水3B61FLDP型乘坐式履带搬运车（图2-147）：

外形尺寸（长×宽×高，mm）	2060×870×1135
配套动力（kW）	4.5
最小离地间隙（cm）	≥15
载重（kg）	500
履带中心距离（mm）	655
货箱尺寸（长×宽×高，mm）	1300×900×230
爬坡能力（空载，°）	≤25
行驶速度（km/h）	前进：0.4～5.3；后退：0.4～1.8

图2-147　筑水3B61FLDP型乘坐式履带搬运车

例3 华兴4ST-6型蔬菜收获拖车（图2-148）：

外形尺寸（长×宽×高，mm） 8200×2300×3500

配套动力（kW） 52～60

轮距（mm） 1 700

注：配备6.5m长液压驱动的输送带。

图2-148 华兴4ST-6型蔬菜收获拖车

2.6 收获后处理机械

蔬菜收获后至进入流通前，需经过整理（清理残叶、切根、捆扎等）、清洗、分级、预冷、包装等加工处理环节，对收获和处理过程中产生的尾菜还需要肥料化利用，本节介绍上述收获后处理环节的机械装备。

2.6.1 整理机械

◆ 功能及特点

整理是蔬菜产后处理的第一步，主要包括残叶清理、切根去须、计重捆扎等作业。

◆ 相关生产企业

上海康博实业有限公司、日本虎川岛株式会社、日本太阳株式会社等。

◆ 典型机型技术参数

例1 康博JT-5500韭菜切根去土打捆流水线（图2-149）：

外形尺寸（长×宽×高，mm） 1800×790×1300

主机动力（V，Hz） 220/60

整机重量（kg） 105

工作效率（捆/h） 350～400

注：具备切根、整理尘土、打捆多功能，效率高，有电脑控制板，使用简单。

图2-149 康博JT-5500韭菜切根去土打捆流水线

例2 虎川岛BM8K型大葱切根去皮机（图2-150）：

作业效率（根/min） 21～25 配套压缩机功率（kW） 5.5

注：大葱放入投料口后，能够自动准确定位，完成切除外根须、老皮，即使粗的、弯的大葱也适用。

图2-150 虎川岛BM8K型大葱切根去皮机

例3　太阳MP150V,H型电动蔬菜集束机（图2-151）：

外形尺寸（长×宽×高，mm）	600×192×445
最大集束直径（mm）	135
作业效率（s/束）	1.1～1.3

图2-151　太阳MP150V,H型电动蔬菜集束机

注：适于菠菜、大葱等的集束捆扎。

2.6.2　清洗机械

蔬菜清洗机械主要分为气泡式、滚筒式、毛刷式、高压喷淋式清和超声波式等五大类。

2.6.2.1　气泡式清洗机械

◆ **功能及特点**

气泡式清洗是使空气进入水中，不断搅动清洗水并且产生大量气泡，在被清洗物表面产生气蚀作用，使被洗物清洗干净。主要结构组成包括蔬菜输送机、鼓风机等。适用于水果、土豆、胡萝卜、姜、芋仔等不许损伤表皮的球状（圆形）果蔬及叶菜类蔬菜等。

◆ **相关生产企业**

山东瑞帆果蔬机械科技有限公司、上虞市五叶食品机械有限公司、诸城市放心食品机械有限公司、诸城市佳兴机械有限公司、诸城市义远机械有限公司等。

◆ **典型机型技术参数**

以瑞帆WQS-CL-3480-F-B型气泡式清洗机为例（图2-152）：

外形尺寸（长×宽×高，mm）	3480×1510×1540
气泡装置功率（kW）	1.5
水总容量（m³）	1.26
生产能力（kg/h）	≤2 000

图2-152　气泡式清洗机

2.6.2.2　滚筒式清洗机械

◆ **功能及特点**

滚筒式清洗机械主要结构组成包括机架、电机、皮带传动系统、减速器、螺旋式滚筒、挡料板等。工作时，滚筒下部淹于水中，物料放在筛网式滚筒中，由于滚筒的滚动作用，使物料与物料之间以及物料与滚筒之间产生摩擦，使物料表面泥土去除并清洗净，该类清洗兼有去皮的作用，可清洗的蔬菜种类有局限性。

◆ **相关生产企业**

益众机械有限公司、广州佳可环保科技有限公司、诸城市龙翔工贸有限公司、山东嘉信工业装备有限公司、山东省博兴县双龙食品机械有限公司等。

◆ **典型机型技术参数**

以双龙SLQX-PT型滚筒式清洗机为例（图2-153）：

功率（kW）　　　　　　　3.7

电压（V）　　　　　　　380

注：处理能力可按用户要求定制。

图2-153　双龙SLQX-PT型滚筒式清洗机

2.6.2.3　毛刷式清洗机械

◆ **功能及特点**

毛刷式清洗机械主要机构组成包括架体、喷淋管及毛刷辊等。它是通过刷毛与水中物料的直接接触，使物料表面的污物刷除洗净，该类清洗方式适用于马铃薯、萝卜等根茎类蔬菜的清洗和柑橘类水果物料的分拣清洗。

◆ **相关生产企业**

山东瑞帆果蔬机械科技有限公司、上虞市五叶食品机械有限公司、诸城市诚品机械有限公司、肇庆市高新区笙辉机械有限公司、诸城市利德机械有限责任公司、诸城市浩隆商贸有限公司等。

◆ **典型机型技术参数**

以诚品YQM800型毛刷式清洗机为例（图2-154）：

外形尺寸（长×宽×高，mm）	1440×780×650	功率/电压（kW/V）	1.1/380
蔬菜清洗量（kg/h）	800	机重（kg）	220

图2-154　诚品YQM800型毛刷式清洗机

2.6.2.4　高压喷淋式清洗机械

◆ **功能及特点**

高压喷淋式清洗主要是依靠喷头喷出的高压水产生的作用力使附着在蔬菜表面的污物去除，具有不损伤蔬菜、效率高、占用面积小、安全可靠，安装简单、操作简易、维护方便、能耗低等优点，其主要机构组成包括电子控制的高压水泵、储液箱等。适用于颗粒状、叶状、根茎类蔬菜产品清洗、浸泡、杀菌消毒及固色等。

◆ **相关生产企业**

诸城市昌通机械科技有限公司、诸城市荣昌不锈钢加工厂、诸城市佳特食品机械有限公司、山东省博兴县普瑞果蔬机械有限公司、青岛启东机械有限公司、德国Kronen蔬菜清洗机等。

◆ **典型机型技术参数**

以昌通CT-QXJ型喷淋式清洗机为例（图2-155）：

外形尺寸（长×宽×高，mm）　　　4000×1350×1200

功率/电压（kW/V）　　　　　　　4.75/380

净重（kg）　　　　　　　　　　　1 500

图2-155　喷淋式
清洗机

2.6.2.5　超声波式清洗机械

◆ **功能及特点**

超声波清洗方法是在液体中产生大量的微小真空气泡，这些气泡在声压作用下急速地大量产生，并不断地猛烈爆破，产生强大的压力和负压吸力，使污物脱离物体的表面，对于被清洗物不会产生物理损伤。其主要结构组成包括超声波发生器、换能器及清洗水槽等。适用于各类蔬菜的清洗。大块蔬菜如萝卜，应切块后洗涤。

◆ **相关生产企业**

济宁鑫欣超声电子设备有限公司、深圳市骏马机械有限公司成都分公司、深圳市明望科技有限公司、深圳市星德贸易有限公司、诸城市诺邦机电有限公司等。

◆ **典型机型技术参数**

以明望JP-040S型超声波式清洗机为例（图2-156）：

外形尺寸（长×宽×高，mm）　　　325×265×280

清洗槽尺寸（长×宽×高，mm）　　300×240×150

功率（W）　　　　　　　　　　　240

超声清洗频率（kHz）　　　　　　40

图2-156　超声波式
清洗机

2.6.3　分级机械

◆ **功能及特点**

蔬菜的分级是将物料按其大小、形状、重量、颜色、品质等特性的不同分成等级。分级机械分为三大类：一是按大小分级，包括滚筒式分级机、辊杠分级机、回转带分级机、光电分选机；二是按重量分级，此类机械在水果分级中应用较多；三是按光学特性分级，包括按表面颜色分选和内部质量分选，适合附加值较高的瓜果精选。

◆ **相关生产企业**

江苏科威机械有限公司、南通裕盛食品机械有限公司、宁波亿鸿食品机械有限公司、宁波正广食品机械有限公司、山东华誉机械设备有限公司、江西绿萌科技控股有限公司、烟台丰洲农机企业有限公司、浙江三雄机械制造有限公司等。

◆ **典型机型技术参数**

例1 三雄GCJ型滚筒分级机（图2-157）：

外形尺寸（长×宽×高，mm）	6000×1000×1800
生产能力（t/h）	8～10
功率（kW）	1.1

图2-157 滚筒分级机

例2 亿鸿Yh-1000型辊杠式分级机（图2-158）：

外形尺寸（长×宽×高）(mm)	4500×1800×1500
生产能力（t/h）	1（干枣）
配套总动力（kW）	1.5

图2-158 亿鸿Yh-1000型辊杠式分级机

注：适合干枣、圣女果、青梅、黄瓜等圆球形或直条形果蔬的分级。系统由进料斗、提升机、辊杠输送机、皮带输送机、挡料板等组成。物料在辊杠上滚动时，因为辊杠间隙是由小到大变化，所以物料也是由小到大从辊杠间隙中下落，由输送带接运。

例3 丰洲FK-98L全自动蔬果称重式选别机（图2-159）：

外形尺寸（长×宽×高，mm）	2300×9400×1250
配套动力（W）	90
重量（kg）	244
选果规格（级）	9
选别范围（g）	30～800
选别效率（个/h）	6 500

图2-159 丰洲FK-98L全自动蔬果称重式选别机

注：适用于梨、苹果、柿、芒果、蜜枣、洋葱、瓜类等分级。

例4 绿萌RMIQS-16果蔬内部品质分选机（图2-160）：

总功率（kW）	3.3
生产量（t/h）	2.8～5.4（按果均重200g，上果率40%～75%计算）
单位能耗（kW·h/t）	0.61～1.18
糖度范围（Brix）	8～20
酸度范围（%）	0.3～2.0

注：在线无损检测瓜果的内部品质，从而进行分选。

图2-160 果蔬内部品质分选机

2.6.4 预冷装备

蔬菜预冷是利用低温处理方法，将采后蔬菜的温度迅速降到工艺要求温度的过程。预冷技术可以降低蔬菜采后的新陈代谢速度，延长贮藏期，对保持品质及延缓成熟衰老进程有着重要作用。常用的蔬菜预冷装备可分为真空预冷保鲜库、差压预冷保鲜库、冷藏保鲜库、冷水预冷保鲜库等几类。

2.6.4.1 真空预冷保鲜库

◆ **功能及特点**

真空预冷保鲜库可在蔬菜采收后第一时间消除田间热、降低呼吸强度等生理活动和生化变化，使其在20～30min内迅速均匀冷却，从而减少和抑制微生物繁殖、杀灭害虫，降低腐烂率，保持产品原有色、香、味和营养成分，延长保鲜期和货架寿命。制冷系统由冷冻机、真空泵、冷却风扇、冷却水泵、冷阱和电子膨胀阀等构成。适用于保鲜叶菜类、高档蔬菜、特菜、山野菜、食用菌类等。

◆ **相关生产企业**

广东省东科美斯制冷设备有限公司、山东田元机械制造有限公司、上海善如水保鲜科技有限公司、深圳市讴科制冷设备有限公司、德国弗格森中国公司等。

◆ **典型机型技术参数**

以讴科AVC-500真空预冷保鲜库为例（图2-161）：

整机尺寸（长×宽×高，mm）	3500×2200×2500	整机总功率（kW）	22.5
每周期处理量（kg，min）	400～600/25～40	真空箱有效容积（m³）	≥4.2
冷却温度（℃）	0～4		

图2-161　真空预冷保鲜库

2.6.4.2 压差预冷保鲜库

◆ **功能及特点**

压差预冷又称强制通风冷却，降温的方式是强制冷风进入包装箱中，使冷空气直接与产品接触。其原理是利用抽风扇使包装箱两侧形成压力差，冷风由包装箱一侧通风孔进入包装箱中与产品接触后由另一侧通风孔出来，同时将箱内的热带走。其主要结构组成包括包装箱与风扇等。压差预冷具有运行简单、预冷速度快、费用低、适用范围广等优点，适用于各类蔬菜。

◆ **相关生产企业**

大昌真空设备有限公司、上海泛鲜科技设备制造有限公司、上海钢擎机械制造有限公司、深圳市艾斯兰德冷机制造有限公司等。

◆ **典型机型技术参数**

以艾斯兰德高湿度差压预冷设备为例（图2-162）：

冷却温度（℃）	0左右
库内相对湿度（%）	90

注：预冷运行中无须专门的化霜装置，能确保在很短的时间内降低温度，且物品内外温度基本一致。独特的加湿系统使得温度可以根据用户需求调节并且性能稳定可靠。

图2-162　高湿度差压预冷设备

2.6.4.3　冷藏保鲜库

◆ **功能及特点**

蔬菜冷藏保鲜技术的基本原理是根据各类蔬菜的不同生理特性，通过对贮藏室温度、湿度及气体成分的调节，减弱蔬菜的呼吸强度，减缓成熟衰老速度，从而对蔬菜起到保鲜作用。其主要结构包括制冷系统、电控装置、有一定隔热性能的库房及附属性建筑物等。适用于各类蔬菜保鲜。

◆ **相关生产企业**

广州项明机械科技有限公司、上海雪狐冷冻设备有限公司、上海雪榕制冷设备工程有限公司、深圳市德尔制冷设备有限公司等。

◆ **典型机型技术参数**

以项明ZK200-A100-H冷藏保鲜库为例（图2-163）：

整机尺寸（长×宽×高，mm）	1230×660×300
配套动力（kW）	9.5
整机重量（kg）	1 000
容积（m³）	200
库温（℃）	−2～8

图2-163　冷藏保鲜库

2.6.5　包装机械

◆ **功能及特点**

蔬菜包装机属于热收缩膜自动包装机中的一种专用机型，根据产品的具体情况，可选配自动供料系统实现供料无人操作。主要包括全自动包装机和半自动包装机两大类。适用于青菜类、大蒜苗、番茄、黄瓜等产品的热收缩自动包装。

◆ **相关生产企业**

成都华大包装机械有限公司、广东佛山市新科力包装设备厂、柯田包装机械有限公司、上海康博实业有限公司、浙江佑天元包装机械制造有限公司、郑州翔辉电子科技有限公司等。

◆ **典型机型技术参数**

例1　华大TSK-400型全自动包装机为（图2-164）：

包装尺寸（长×宽×高，mm）	300×210×30	功率（kW）	1.35
包装能力（包/min）	24	包装高度（mm）	10 ~ 100
保鲜膜幅宽（mm）	300 ~ 450		

图2-164　华大TSK-400型全自动包装机

例2　康博JT-MF76A半自动包装机（图2-165）：

外形尺寸（长×宽×高，mm）	1930×810×1165
功率（kW）	3.6
包装能力（包/h）	400
薄膜直径（mm）	250
薄膜宽度（mm）	600
最大产品尺寸（长×宽×高，mm）	500×380×200

图2-165　康博JT-MF76A半自动包装机

2.6.6　尾菜肥料化利用机械

针对收获及加工过程中产生的尾菜，可采用一体化快速好氧发酵工艺加工有机肥。包括固肥与液肥制备机械。

2.6.6.1　固肥制备机械

◆ **功能及特点**

一体化快速好氧发酵相较于传统的堆沤制肥工艺，具有以下主要优势：自动化程度高，采用一体化设计和一键式操作；加工时间短，腐熟周期短；场地要求低，不需要建设大型堆场，不受天气影响；科学配比肥效高，生产过程中无恶臭，无蝇虫滋生。缺点是：设备投资高，处理量较低。

◆ **相关生产企业**

长沙碧野生态农业科技有限公司、常州市苏风机械有限公司、广西来源生物动力农业发展有限公司、河南万丰机械制造有限公司、龙昌有机肥成套设备有限公司等。

◆ **典型机型技术参数**

以碧野 ZF-5.5 型制肥机为例（图 2-166）：

外形尺寸（长×宽×高，mm）	8000×7700×3800
功率（kW）	29
主机重量（kg）	7 760
罐体容积（m³）	18
处理能力（t/d）	≥10
物理温度（℃）	0～80
杀菌层温度（℃）	80～110
环境温度（℃）	−5～40

图 2-166 碧野 ZF-5.5 型制肥机

2.6.6.2 液肥制备机械

◆ **功能及特点**

借用微生物将农业生产过程中产生的有机废弃物通过粉碎槽进行粉碎，通过特殊爆气装置防止腐败，再利用高效微生物复合菌群进行一次发酵、二次发酵，最后生产出带有优质氨基酸的有机液体肥料，广泛用于土壤改良和有机种植。

◆ **相关生产企业**

无锡赛亿环保科技有限公司等。

◆ **典型机型技术参数**

以日处理 10t 废弃物生产线为例（图 2-167）：

适应原料	破碎后的尾菜、秸秆、粪便、餐厨垃圾等有机废弃物
处理方式	常温好氧厌氧综合发酵
处理时间（h）	4
吨料电耗（kW·h/t）	60
产物	液体肥料

注：主体设备为粉碎槽、好氧发酵槽、厌氧发酵槽、成熟调整槽。

图 2-167 液肥制备机械

2.6.7 其他蔬菜收获后处理机械

2.6.7.1 毛豆去壳机

◆ **功能及特点**

该机工作原理为：在振动电机的高频振动作用下，毛豆随着进料器自动有序地向前输送，到达送料器尾部时进入剥壳主轴，在主轴的高速旋转下，毛豆皮与毛豆米被瞬间分离，达到毛豆肉壳分离的效果。

◆ **相关生产企业**

上虞市五叶食品机械有限公司、浙江三雄机械制造有限公司、绍兴市上虞现代冷冻机械有限公司等。

◆ **典型机型技术参数**

以现代龙SL毛豆去壳机为例（图2-168）：

外形尺寸（长×宽×高，mm）	570×410×400
功率（kW）	0.75
生产能力（kg/h）	100

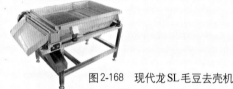

图2-168　现代龙SL毛豆去壳机

2.6.7.2 漂烫机

◆ **功能及特点**

多功能蔬菜漂烫机可分电加热、燃气加热、煤加热、蒸汽加热等多种加热方式，具有连续工作、自动出料、自动控温、蒸煮时间短、浸泡均匀、无污染等特点。主要用于果实、根茎类蔬菜及蘑菇、水果片等易碎产品的漂烫杀青。

◆ **相关生产企业**

诸城市食品机械有限公司、诸城市博汇机械有限公司、诸城市佳惠食品机械有限公司、宁波正广食品机械有限公司、绍兴市上虞现代冷冻机械有限公司等。

◆ **典型机型技术参数**

以诸城PT-1A漂烫机为例（图2-169）：

外形尺寸（长×宽×高，mm）	5000×1200×1300
功率（kW）	3.5
净重（kg）	1 000

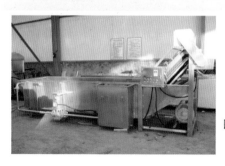

图2-169　漂烫机

第三章

国内典型蔬菜生产机械化解决方案

　　在我国，蔬菜生产机械化的发展既受经济规律制约又受自然规律制约，不仅要考虑经济效果，还要兼顾土地生产率和农业生态问题。由于各地的自然条件不同，蔬菜生产布局、种植制度、技术措施差异很大，致使蔬菜机械的投放、选型、配套及使用会产生不同的效果，应根据不同地区的不同情况进行分析。目前，各地在蔬菜机械化生产方面已有初步探索，本文选取江苏、山东、四川、上海和北京等地的一些蔬菜生产基地作为典型，介绍他们的蔬菜机械化生产方案，为有蔬菜机械化生产需求的经营者提供一种参考，以期能够提高蔬菜种植效率和收益，降低人工成本。但是目前国内蔬菜机械化生产尚不成熟，笔者对蔬菜机械化生产方案的探索也才刚刚开始，存在着一些不完善的地方，在此仅作为参考。

3.1 常熟碧溪露地青花菜生产机械化方案

作业环节、时间		作业规程	技术模式	配套机具
育苗	1月初 7月中旬	 播前种子、穴盘、基质消毒，每穴1粒，深度1cm。具3~4片真叶、根系发达并紧密缠绕基质成团时可移栽	机械播种育苗	 盖板式精量播种机
除草	7月底	灭茬粉碎	机械除草	 圣和1JQ-180型秸秆粉碎还田机
施肥	2月中旬 8月初	每667m² 有机肥1 000kg，复合肥30kg	机械撒肥	 KANRYU MF1002撒肥机 东风井关JKB18C多功能撒肥机

（续）

作业环节、时间		作业规程	技术模式	配套机具
整地	2月中旬	旋耕整地起垄，表面平整，土壤细碎。 耕深≥80mm，碎土率≥50%，垄顶面平整度≤20mm 65　20　120　30　单位：cm	机械整地	华龙1ZKN-125精整地机
	8月初			
移栽	2月底	40　40　单位：cm	全自动移栽	洋马PF2R乘坐式全自动蔬菜移栽机
	8月中旬		半自动移栽	华龙2ZBZ-2半自动蔬菜移栽机
灌溉	移栽后即进行，以后酌情灌溉	根据作物需求，喷洒均匀，灌溉量适中	喷灌	
植保	移栽后1周及成熟前20d	根据病虫害情况，喷洒均匀，覆盖全面	机械植保	东风井关JKB18C多功能施药机

（续）

作业环节、时间		作业规程	技术模式	配套机具
收获	4月底	花球充分长大，花蕾颗粒整齐，不散球，不开花	人工采收分拣	
	10月中旬			

3.2 山东鑫诚露地结球生菜生产机械化方案

作业环节、时间		作业规程	技术模式	配套机具
育苗	3月上旬	播前种子消毒，每穴1粒，具3~4片真叶、根系发达并紧密缠绕基质成团时可移栽	机械播种育苗	 韩国大东机电SD-600W全自动穴盘播种流水线
	7月中旬			
施肥	耕整地前数天	撒施均匀	人工撒施	
耕整地	移栽前数天或同时	旋耕整地起垄，表面平整，土壤细碎	机械整地	 意大利Forigo D35 170作畦机 （动力：福田雷沃M900H-D、M750H-D、M1104-D拖拉机）

（续）

作业环节、时间		作业规程	技术模式	配套机具
移栽	4月上中旬	 单位：cm	半自动移栽	现代农装2ZB-2四行移栽机（动力：900/1104拖拉机）
	8月中下旬			
灌溉	移栽完成即进行，以后酌情灌溉	根据作物需求，喷洒均匀，灌溉量适中	自动灌溉	滴灌设施
植保	移栽后1周及成熟前20d进行	根据病虫害情况，喷洒均匀，覆盖全面	机械植保	电动喷雾器
收获	5月中下旬	成熟度适宜，蔬菜损伤度低	人工采收，拖车运输	收获拖车（动力：900/1104拖拉机）
	9月底至10月			

3.3 内蒙古通辽露地红干椒生产机械化方案

作业环节、时间		作业规程	技术模式	配套机具
育苗	3月中旬	播前种子消毒，每穴1粒，深度0.5~1cm。具5~6片真叶、根系发达并紧密缠绕基质成团时可移栽	人工穴盘播种，工厂化育苗	工厂化育苗
耕整地	4月中旬	表面平整，土壤细碎	机械整地	1GKN-230旋耕机（动力：904/1104拖拉机）
铺管、覆膜、开沟	4月中下旬	膜宽80cm，滴灌管居中，沟宽30cm	机械覆膜铺管	覆膜铺管机（动力：904/1104拖拉机）
移栽	5月上旬	移栽深度一致，合格率较高	机械移栽	现代农装2ZB-2型半自动移栽机（动力：904/1104拖拉机）

（续）

作业环节、时间		作业规程	技术模式	配套机具
灌溉	移栽后即进行，以后酌情灌溉	根据作物需求，喷洒均匀，灌溉量适中	自动滴灌	滴灌设施
植保	缓苗后至收获前喷洒4~5次营养液和杀菌液	根据病虫害情况，喷洒均匀，覆盖全面	机械植保	喷杆喷雾机
收获	9月中下旬	成熟度适宜	人工采收	

3.4 四川郫县露地生菜生产机械化方案

作业环节、时间		作业规程	技术模式	配套机具
育苗	一年种植4~6茬	选用优质、纯净度高、发芽率高的品种。播种要求均匀，深度适宜	机械播种育苗	浙江博仁2YB-500GT滚筒式蔬菜播种机

（续）

作业环节、时间		作业规程	技术模式	配套机具
旋耕	整地前1d	表面平整，土块均匀细碎	机械旋耕	 东方红1GQN-230KH旋耕机
整地	移栽前1~5d	表面平整，土壤细碎 140 / 20 / 180 / 25 / 单位：cm	机械整地	 华龙1ZKN-180精整地机
移栽	春秋：育苗播种后40~45d 夏季：育苗播种后20~25d 冬季：育苗播种后50~60d	移栽深度一致 32 / 20 / 单位：cm	机械移栽	 意大利HORTECH OVER PLUS 4移栽机
灌溉	移栽完成即进行，以后酌情灌溉	根据作物需求，灌溉适量，喷洒均匀	机械灌溉	 筑水3WZ51自走式喷雾机

（续）

作业环节、时间		作业规程	技术模式	配套机具
植保	移栽后第3d作业一次，以后根据作物情况进行作业	根据病虫害情况，喷洒均匀，覆盖全面	机械植保	亿丰丸山3WP-500自走式喷杆喷雾机
收获	春秋：移栽后40~45d	一次性收获4行，留茬高度适中，蔬菜损伤度低	机械收获	意大利HORTECH RAPID SL4自走式收获机
	夏季：移栽后30~35d			
	冬季：移栽后80~90d			

3.5 四川彭州露地胡萝卜生产机械化方案

作业环节、时间		作业规程	技术模式	配套机具
旋耕	整地前1d	表面平整，土块均匀细碎	机械旋耕	东方红1GQN-230KH旋耕机
整地	直播前1~5d	表面平整，土壤细碎	机械整地	华龙1ZKN-125旋耕起垄机

（续）

作业环节、时间	作业规程	技术模式	配套机具
直播 10月上旬	15 ⊢ 20 ⊣ 单位：cm 播前种子丸粒化处理。一次性播种2行	机械直播	矢琦SYV-M600W手推式蔬菜直播机
	15 ⊢ 20 ⊣ 单位：cm 播前种子丸粒化处理，一次性播种4行	机械直播	德沃2BQS-4气力式蔬菜播种机
灌溉 播后浇水，以后酌情灌溉	根据作物需求，灌溉适量，喷洒均匀	机械灌溉	筑水3WZ51自走式喷雾机
植保 根据作物情况进行作业	根据病虫害情况，喷洒均匀，覆盖全面	机械植保	亿丰丸山3WP-500自走式喷杆喷雾机

（续）

作业环节、时间		作业规程	技术模式	配套机具
收获	次年2月	每次收获1行，一次性完成挖掘、切根、割断茎叶、残叶处理、清选、装箱	机械收获	 洋马HN100全自动胡萝卜收获机

3.6　上海大棚鸡毛菜生产机械化方案

作业环节、时间		作业规程	技术模式	配套机具
旋耕	作畦前1d	表面平整，土块均匀细碎	机械旋耕	 G120型旋耕机（动力：大棚王拖拉机）
作畦	直播前1~5d	 单位：cm	机械整地	 意大利Hortech AF SUPER 160作畦机 （动力：一拖X800拖拉机）

（续）

作业环节、时间	作业规程	技术模式	配套机具
直播	视天气和前茬收获情况	（图：8.5 8.5 单位：cm）	机械直播	田 2BS-JT 系列播种机
灌溉	播后浇水，以后酌情灌溉	根据作物需求，灌溉适量，喷洒均匀	自动灌溉	滴灌带
植保	根据作物情况进行作业	根据病虫害情况，喷洒均匀，覆盖全面	机械植保	背负式喷雾机
收获	视鸡毛菜生长情况而定	适时采收	机械收获	意大利 Hortech 公司 SLIDE FW160 型自走式叶菜收割机（也可选用意大利 De Pietri 公司 FR38 SPECIAL160 型自走式叶菜收割机）

3.7　江苏沛县日光温室番茄生产机械化方案

作业环节、时间		作业规程	技术模式	配套机具
旋耕	移栽前 3~5d	旋耕两遍，耕深不低于15cm，碎土率在90%以上，土地细碎平整	机械旋耕	 1GKN-140 旋耕机 （动力：泰山 -400 大棚王拖拉机）
起垄	移栽前 1~3d	 90　20　150　30　单位：cm	机械起垄	 华龙 1ZKNP-125 精整地机 （动力：泰山 -400 拖拉机）
覆膜	起垄后	膜宽1.2m，膜边覆土宽度5~10cm，覆土厚度3~5cm	机械覆膜	 田园管理机
移栽	覆膜后	 50　38　单位：cm	机械移栽	 2ZBZ-2A 蔬菜移栽机 （动力：354D 拖拉机）

（续）

作业环节、时间		作业规程	技术模式	配套机具
灌溉	移栽后浇水，以后酌情灌溉	根据作物需求，灌溉适量，喷洒均匀	自动灌溉	 滴灌带
植保	根据作物情况进行作业	根据病虫害情况，苗期2~3次，生长期2~3次，喷洒均匀，覆盖全面	机械植保	 背负式喷药机
收获	移栽后50d	适时采收	人工采收	

3.8　北京延庆露地甘蓝生产机械化方案

作业环节、时间		作业规程	技术模式	配套机具
育苗	4月中旬	 播前种子消毒，每穴1粒，深度0.5~1cm。具3~4片真叶，根系发达并紧密缠绕基质成团时可移栽	机械播种育苗	 韩国大东机电SD-600W穴盘精密播种机

（续）

作业环节、时间		作业规程	技术模式	配套机具
耕整地	4月上、中旬	旋耕整地不起垄，表面平整，土壤细碎。耕深≥10cm，碎土率≥50%	机械整地	通田1GQN-230型旋耕机
移栽	4月底	25 80 60 50 单位：cm 宽窄行种植，移栽深度一致	半自动移栽	富来威2ZQ-4链夹式蔬菜移栽机
灌溉	移栽后即进行，以后酌情灌溉	根据作物需求，喷洒均匀，灌溉量适中	机械喷灌	喷灌带
植保	视实际情况进行	根据病虫害情况，喷洒均匀，覆盖全面	机械植保	山东华盛3WP-650喷杆喷雾机
收获	6月下旬	成熟度适宜	机械收获	HORTUS单行甘蓝收获机

3.9 江苏射阳大棚甘蓝生产机械化方案

作业环节、时间		作业规程	技术模式	配套机具
旋耕	12月	耕深15cm以上，碎土率大于90%，表面平整，土块均匀细碎	机械旋耕	 1GQN-150旋耕机 （动力：黄海金马404D拖拉机）
开沟	旋耕后开沟		机械开沟	 自制大棚开沟机 （动力：黄海金马404D拖拉机）
移栽	1月	 沟内种植，移栽深度一致	人工移栽	 人工移栽
灌溉	移栽后浇水，以后酌情灌溉	根据作物需求，灌溉适量，喷洒均匀	机械灌溉	 移动式水肥一体喷灌基站滴灌带

（续）

作业环节、时间		作业规程	技术模式	配套机具
植保	根据作物情况进行作业	根据病虫害发生情况进行喷药防治	机械植保	筑水牌自走式喷雾机
收获	4月	适时采收	人工采收	药筒拆卸后的筑水牌自走式喷雾机进行运输

3.10　山东沃华大葱生产机械化方案

作业环节、时间		作业规程	技术模式	配套机具
育苗	9~10月		机械播种育苗	日本实产业公司VH-3型全自动播种机
	11月中旬至翌年2月底	播前种子消毒，每穴3粒，具3~4片真叶、根系发达并紧密缠绕基质成团时可移栽		
施肥	耕整地前数天	撒施有机肥	人工撒施	
耕整地	移栽前数天或同时	旋耕整地起垄，表面平整，沟底土壤细碎　单位：cm	机械整地	山东华龙1CVY-170整地机

（续）

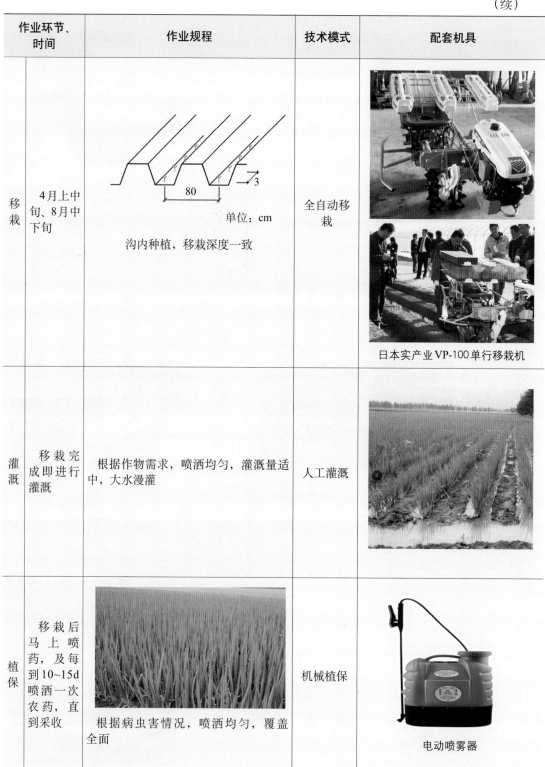

作业环节、时间	作业规程	技术模式	配套机具
移栽	4月上中旬、8月中下旬	沟内种植，移栽深度一致 单位：cm	全自动移栽	日本实产业VP-100单行移栽机
灌溉	移栽完成即进行灌溉	根据作物需求，喷洒均匀，灌溉量适中，大水漫灌	人工灌溉	
植保	移栽后马上喷药，及每到10~15d喷洒一次农药，直到采收	根据病虫害情况，喷洒均匀，覆盖全面	机械植保	电动喷雾器

（续）

作业环节、时间		作业规程	技术模式	配套机具
收获	6~7月		机械收获	
	10~12月	成熟度适宜，蔬菜损伤度低		日本小乔公司（型号：RED-S Ⅱ 动力：W6000/W800)

附录

蔬菜机械化生产规范规程

附录1　农业机械化水平评价第6部分：设施农业
（NY/T 1408.6—2016）

1　范围

本部分规定了设施农业机械化水平的评价指标和计算方法。

本部分适用于设施农业机械化程度的统计和评价。

2　术语和定义

下列术语和定义适用于本文件。

2.1　设施农业　protected agriculture

在环境相对可控条件下，采用工程技术手段，进行作物高效生产的一种现代农业方式。

2.2　设施农业机械化水平　mechanization level of protected agriculture

在设施农业生产过程中，主要作业项目使用机械生产所覆盖的程度。

3 评价指标

评价指标见表1。

表1 评价指标
单位：%

一级指标		二级指标		
指标名称	代码	指标名称	代码	权重系数
设施农业机械化水平	A	耕整地机械化水平	A_1	0.20
		种植机械化水平	A_2	0.20
		植株调整与采收机械化水平	A_3	0.10
		施药机械化水平	A_4	0.10
		运输机械化水平	A_5	0.10
		灌溉追肥机械化水平	A_6	0.10
		环境调控机械化水平	A_7	0.20

4 指标计算方法

4.1 设施农业机械化水平

设施农业机械化水平按式（1）计算。

$$A=0.2A_1+0.2A_2+0.1A_3+0.1A_4+0.1A_5+0.1A_6+0.2A_7 \quad\cdots\cdots\cdots\cdots\cdots (1)$$

式中：A 为设施农业机械化水平，单位为百分率（%）；A_1 为耕整地机械化水平，单位为百分率（%）；A_2 为种植机械化水平，单位为百分率（%）；A_3 为植株调整与采收机械化水平，单位为百分率（%）；A_4 为施药机械化水平，单位为百分率（%）；A_5 为运输机械化水平，单位为百分率（%）；A_6 为灌溉追肥机械化水平，单位为百分率（%）；A_7 为环境调控机械化水平，单位为百分率（%）。

4.2 耕整地机械化水平

耕整地机械化水平按式（2）计算。

$$A_1=\frac{S_{jg}}{S}\times 100\% \cdots\cdots\cdots\cdots\cdots\cdots\cdots\cdots\cdots\cdots (2)$$

式中：S_{jg} 为机械耕整地设施面积，指本年度内使用耕整地机械作业的设施面积（含复种面积）。土壤栽培温室，使用耕地和整地机械中的一种，统计全部设施面积；水培温室，统计全部设施面积；基质栽培温室，使用基质处理机械中的一种，统计全部设施面积，单位为公顷（hm^2）；

S 为设施总面积，指本年度塑料大棚、日光温室、连栋温室三种设施类型的生产总面积（含复种面积），单位为公顷（hm^2）。

4.3 种植机械化水平

种植机械化水平按式（3）计算。

$$A_2 = \frac{S_{jz}}{S} \times 100\% \quad\cdots\cdots\cdots\cdots\cdots (3)$$

式中：S_{jz} 为机械种植设施面积，指本年度内使用播种机或移栽机作业的设施面积（含复种面积）。使用播种机或移栽机中的一种，统计全部设施面积，单位为公顷（hm^2）。

4.4 植株调整与采收机械化水平

植株调整与采收机械化水平按式（4）计算。

$$A_3 = \frac{S_{js}}{S} \times 100\% \quad\cdots\cdots\cdots\cdots\cdots (4)$$

式中：S_{js} 为机械植株调整与采收设施面积，指本年度内使用机械植株调整和机械采收作业的设施面积（含复种面积）。使用植株调整和采收两种机械，统计全部设施面积；若使用其中的一种，则统计的设施面积减半（种植没有植株调整作业作物时，植株调整面积按全部设施面积计算），单位为公顷（hm^2）。

4.5 施药机械化水平

施药机械化水平按式（5）计算。

$$A_4 = \frac{S_{sy}}{S} \times 100\% \quad\cdots\cdots\cdots\cdots\cdots (5)$$

式中：S_{sy} 为机械施药设施面积，指本年度内使用机械日常施药作业的设施面积（含复种面积）。使用固定或移动管路和配置自动施药装备，统计全部设施面积；使用其他方式喷药装备，统计的设施面积减半，单位为公顷（hm^2）。

4.6 运输机械化水平

运输机械化水平按式（6）计算。

$$A_5 = \frac{S_{jy}}{S} \times 100\% \quad\cdots\cdots\cdots\cdots\cdots (6)$$

式中：S_{jy} 为机械运输作业设施面积，指本年度内使用室内运输机械作业的设施面积（含复种面积），单位为公顷（hm^2）。

4.7 灌溉追肥机械化水平

灌溉追肥机械化水平按式（7）计算。

$$A_6 = \frac{S_{gs}}{S} \times 100\% \quad\cdots\cdots\cdots\cdots\cdots (7)$$

式中：S_{gs} 为机械灌溉追肥设施面积，指本年度内使用灌溉和追肥机械作业的设施面积（含复种面积）。使用灌溉施肥一体化设备，则统计全部设施面积；仅使用灌溉设备一种，则统计的设施面积减半，单位为公顷（hm^2）。

4.8 环境调控机械化水平

环境调控机械化水平按式（8）计算。

$$A_7 = \frac{S_{jh}}{S} \times 100\% \quad\cdots\cdots\cdots\cdots\cdots (8)$$

式中：S_{jh}为环控设施面积，指本年度内使用环境调控机械作业的设施面积（含复种面积）。塑料大棚，使用电动卷膜机，统计全部设施面积，使用手动卷膜器，设施面积按1/4统计；日光温室，使用电动卷帘机和电动卷膜（开窗）机，统计全部设施面积，使用其中一种，统计的设施面积减半；连栋温室，使用自动化控制系统（自动控制室内温度等环境因子），统计全部设施面积，单位为公顷（hm^2）。

本部分由农业部农业机械化管理司提出；

本部分由全国农业机械化标准化技术委员会农业机械化分技术委员会（SAC/TC 201/SC 2）归口；

本部分起草单位：农业部规划设计研究院。

附录2 农业机械田间行走道路技术规范

(NY/T 2194—2012)

1 范围

本标准规定了农业机械田间行走道路的术语和定义、技术要求、检验方法和评定规则。

本标准适用于硬化路面和砂石路面的农业机械田间行走道路（以下简称田间道路）的建设。

2 规范性引用文件

下列文件对于本文件的引用是必不可少的。凡是注日期的引用文件，仅注日期的版本适用于本文件。凡是不注日期的引用文件，其最新版本（包括所有的修改单）适用于本文件。

JTG D30—2004 公路路基设计规范

JTG D60 公路桥涵设计通用规范

JTG F80/1—2004 公路工程质量检验评定标准

3 术语和定义

下列术语和定义适用于本文件。

3.1 农业机械田间行走道路 field walk way for agricultural machinery

用于农业机械通往作业地块的田间道路。

3.2 路面 pavement

具有承受车辆重量、抵抗车轮磨耗和保持道路表面平整作用的，用筑路材料铺在路基顶面供车辆直接在其表面行驶的一层或多层的道路结构层。

3.3 面层 pavement surface

直接承受车辆荷载及自然因素的影响，并将荷载传递到基层的路面结构层。

3.4 基层 pavement grassroots

承受由面层传递的车辆荷载，并将荷载分布到垫层或土基上的路面结构层。

3.5 硬化路面 hardened pavement

以水泥混凝土或沥青混凝土做面层的路面。

3.6 砂石路面 sandstone pavement

以砂、石等为骨料，以土、水、灰为结合料，通过一定的配比铺筑而成的路面。

3.7 路基 subgrade

按照路线位置和一定技术要求修筑的作为路面基础的带状构造物。

3.8 路肩 shoulder

位于车行道外缘至路基边缘，具有一定宽度的带状部分（包括硬路肩与土路肩），为保持车行道的功能和临时停车使用，并作为路面的横向支承。

3.9 错车道 passing bay

在田间道路上，可通视的一定距离内，供农业机械交错避让用的一段加宽车道。

3.10 圆曲线 circular curve

道路平面走向改变方向或竖向改变坡度时所设置的连接两相邻直线段的圆弧形曲线。

3.11 平曲线 horizontal curve

在平面线形中路线转向处曲线的总称，包括圆曲线和缓和曲线。

3.12 竖曲线 vertical curve

在线路纵断面上，以变坡点为交点，连接两相邻坡段的曲线，包括凸形和凹形两种。

3.13 平曲线半径 radius of horizontal cllrve

当道路在水平面上由一段直线转到另一段直线上去时，其转角的连接部分所采用的圆弧形曲线的半径。

3.14 回头曲线 switch-back curve

山区道路为克服高差在同一坡面上回头展线时所采用的回头形状的曲线。

3.15 超高 superelevation

车辆在圆曲线上行驶时，受横向力或离心力作用会产生滑移或倾覆，为抵消车辆在圆曲线路段上行驶时所产生的离心力，保证车辆能安全、稳定、满足设计速度和经济、舒适地通过圆曲线，在该路段横断面上设置的外侧高于内侧的单向横坡。

3.16 加宽 widen

车辆在弯道上行驶时，各个车轮的行驶轨迹不同，在弯道内侧的后轮行驶轨迹半径最小，而靠近弯道外侧的前轮行驶轨迹半径最大。当转弯半径较小时，这一现象表现得更为突出。为了保证车辆在转弯时不侵占相邻车道，凡小于250m半径的曲线路段均需要加宽。

3.17 同向曲线 adjacent curve in one direction

两个转向相同的相邻圆曲线中间连以直线所形成的平面线形。

3.18 反向曲线 reverse curve

两个转向相反的圆曲线之间以直线或缓和曲线或径相连接而成的平面线形。

3.19 纵坡 longitudinal gradient

路线纵断面上同一坡段两点间的高差与其水平距离之比，以百分率表示。

3.20 最大纵坡 maximum longitudinal gradient

根据道路等级、自然条件、行车要求及临街建筑等因素所限定的纵坡最大值。

3.21 合成纵坡 synthetic gradient

道路弯道超高的坡度与道路纵坡所组成的矢量和。

3.22 平均纵坡 average gradient

含若干坡段的路段两端点的高差与该路段长度的比值。

3.23 缓和坡段 transitional gradient

在纵坡长度达到坡长限制时，按规定设置的较小纵坡路段。

3.24 压实度 degree of compaction

土或其他筑路材料压实后的干密度与标准最大干密度之比，以百分率表示。

3.25 边沟 intercepting ditch

为汇集和排除路面、路肩及边坡的流水，在路基两侧设置的水沟。

3.26 截水沟 intercepting ditch

为拦截山坡上流向路基的水，在路堑坡顶以外设置的水沟，又称天沟。

3.27 排水沟 drainage ditch

将边沟、截水沟和路基附近、庄稼地里、住宅附近低洼处汇集的水引向路基、庄稼地、住宅地以外的水沟。

3.28 挡土墙 retaining wall

支承路基填土或山坡土体、防止填土或土体变形失稳的墙式构造物。

3.29 路拱 crown

路面的横向断面做成中央高于两侧，具有一定坡度的拱起形状。

3.30 横坡 cross slope

路幅和路侧带各组成部分的横向坡度，以百分率表示。

3.31 坡口 slope groove

连接田间道路和田地，农业机械下田或上路的扇形路面。

3.32 单位工程 unit project

在田间道路建设项目中，根据签订的合同，具有独立施工条件的工程。

3.33 分部工程 division project

在单位工程中，按结构部位、路段长度及施工特点或施工任务的不同而划分的工程项目。

3.34 分项工程 subentry project

在分部工程中，按不同的施工方法、材料、工序及路段长度等划分的最基本的计算单位。

4 技术要求

4.1 路线

4.1.1 田间道路设计为单车道，设计行驶速度为20km/h，路基宽度应不小于3.5m，行车道宽度应不小于2.5m，路肩宽度应为0.5m。

4.1.2 田间道路每1km内一般设置1处错车道，设置错车道路段的路基宽度应不小于5.5m，有效长度应不小于15m，错车道的间距可结合地形、视距等条件确定。

4.1.3 道路在平面和纵面上由直线和曲线组成。在设计布置圆曲线及竖曲线时，应做到平面顺适、纵坡均衡、横面合理。平纵面线形均应与地形、地物相适应，与周围环境相协调。

4.1.4 圆曲线半径应不小于30m，特殊困难地段应不小于15m。当圆曲线半径小于150m时，应设置超高和加宽过渡段，其要求应符合表1和表2的规定。

表1　超　高

圆曲线半径 (m)	≥15~20	>20~30	>30~40	>40~55	>55~70	>70~105	>105~150
超高值 (%)	8	7	6	5	4	3	2

表2　加　宽

圆曲线半径 (m)	<150~100	<100~70	<70~50	<50~30	<30~25	<25~20	<20~15
加宽值 (m)	0.4	0.5	0.6	0.7	0.9	1.1	1.25

4.1.5　越岭路线应尽量利用地形自然展线，避免设置回头曲线。如需设置，其圆曲线最小半径应为15m，特殊地段应为10m，超高横坡度应不大于6%，最大纵坡为5.5%。两相邻回头曲线间的直线距离应不小于60m。

4.1.6　两圆曲线间以直线径向连接时，同向曲线间最小直线长度（以m计）以不小于设计速度（以km/h计）数值的4倍为宜；反向曲线间的最小直线长度以不小于设计速度数值的1倍为宜。

4.1.7　一般情况下，最大纵坡为9%，最大合成纵坡为11%。海拔2 000m以上或积雪冰冻地区最大纵坡为8%。

4.1.8　越岭路线连续坡段，相对高差为200～500m时，平均纵坡应不大于6.5%；相对高差大于500m时，平均纵坡应不大于6%，且任意连续3km路段的平均纵坡应不大于6%。

4.1.9　当连续纵坡坡度大于5%时，应在不大于表3规定的纵坡长度范围内设置缓和坡段，缓和坡段长度应不小于40m，缓和坡段纵坡坡度应不大于4%。

表3　不同纵坡最大坡长

纵坡坡度 (%)	<5~6	<6~7	<7~8	<8~9	<9~10	<10~13
最大坡长 (m)	800	600	400	300	200	100

4.1.10　在纵坡变更处均应设置竖曲线，竖曲线宜采用圆曲线，圆曲线最小半径为200m，特殊地段为100m；竖曲线最小长度为50m，特殊地段为20m。

4.2　路基

4.2.1　路基高度的设计，应使路肩边缘高出路基两侧地面积水高度，同时应考虑地下水、毛细水和冰冻作用，不致影响路基的强度和稳定性。

4.2.2 泥炭、淤泥、冻土、强膨胀土、有机土及易溶盐超过允许含量的土等，不得直接用于填筑路基。冰冻地区的路床及浸水部分的路堤不应直接采用粉质土填筑。

4.2.3 路基施工应采用压实机具，采取分层填筑、压实，其压实度应符合表4的规定。若压实度达不到要求，则必须经过1～2个雨季，使路基相对沉降稳定后，才能铺筑砂石路面或硬化路面。

表4 路基压实度

序号	填挖类别	路床顶面以下深度（m）	压实度（%）
1	零填及挖方	0~0.30	≥94
2	填方	0~0.80	≥94
		0.80~1.50	≥93
		>1.50	≥90

4.2.4 路基应根据沿线的降水与地质水文等具体情况，设置必要的地表排水、地下排水、路基边坡排水等设施，并与沿线桥涵合理配合。

4.2.5 排水设施包括边沟、截水沟、排水沟等。边沟的深度和宽度应不小于0.4m，截水沟和排水沟的深度和宽度应不小于0.6m。

4.2.6 排水设施应与农田灌溉、人畜饮水等工程相结合。

4.2.7 路基应采取有效的防护措施，保证路基稳定。

4.2.8 挡土墙应综合考虑工程地质、水文地质、冲刷深度、荷载作用情况、环境条件、施工条件、工程造价等因素，按JTG D30—2004中表5.4.1的规定选用。

4.3 路面

4.3.1 路面应具有良好的稳定性、足够的刚度和强度，硬化路面弯拉强度不低于3.5MPa；砂石路面弯沉值不小于3mm，其表面应满足平整、抗滑和排水的要求。

4.3.2 路面必须设置基层和面层。基层应具有足够的抗冲刷能力和一定的刚度，面层应具有足够的强度、耐久性，表面抗滑。各结构层厚度根据材料类型应符合表5的规定。

表5 各种结构层压实最小厚度与适宜厚度

单位：mm

结构层类型	压实最小厚度	适宜厚度
级配碎石	80	100~200
水泥稳定类	150	180~200
石灰稳定类	150	180~200
石灰粉煤灰稳定类	150	180~200

（续）

结构层类型	压实最小厚度	适宜厚度
贫混凝土	150	180~240
级配砾石	80	100~200
泥结砾石	80	100~150
填隙砾石	100	100~200

4.3.3 路拱横坡根据路面类型和当地自然条件设置，砂石路面一般采用3%～4%的横坡，硬化路面一般采用1%～2%的横坡。路肩横坡应比路面横坡大1%～2%。

4.4 坡口

4.4.1 田间道路应设置供农业机械下田和上路的坡口，坡口数量根据实际情况确定。坡口为扇形合成坡，坡口坡度应不大于18%，宽度应不小于2.5m。

4.4.2 永久性坡口宜采用混凝土面层，坡面应作防滑处理。

4.4.3 坡口位置宜设置在田角，并尽可能避免与边沟交叉或作暗沟处理，如遇沟、渠应埋设涵管等处理。

4.5 桥梁、涵洞

4.5.1 桥梁、涵洞的设计和建设应符合JTG D60中4级公路的要求。

4.5.2 涵洞的设计应满足农田灌溉及排水的需要。

4.6 路线交叉

4.6.1 田间道路之间或与其他公路交叉连接的地方，一般采用平面交叉，交叉位置应选择在纵坡平缓、视距良好地段。平面交叉时应尽量正交；当必须斜交时，其交叉角不宜小于45°。

4.6.2 田间道路应避免与铁路平面交叉。

4.6.3 平面交叉转弯路面内缘的最小圆曲线半径不小于15m。

4.7 配套设施

4.7.1 田间道路应在陡坡、急弯、危险路段设置必要的安全设施、指示牌和警告标志等。

4.7.2 田间道路两旁和边坡上种植花草、乔木、灌木、树木等，应不妨碍农业机械的通行。

5 检验方法

5.1 田间道路工程分为单位工程、分部工程和分项工程。

5.2 分项工程在检验和评定时应提供齐全的施工资料，若缺乏最基本的数据，或有伪造涂改者，不予检验和评定。施工资料不全者应予减分，减分幅度可按下列各款逐款检查，视资料不全情况，每款减1～3分。

  a）所用原材料、半成品和成品质量检验结果；

  b）材料配比、拌和加工控制检验和试验数据；

  c）地基处理、隐蔽工程施工记录资料；

d) 各项质量控制指标的试验记录和质量检验汇总图表；

e) 施工过程中遇到的非正常情况记录及其对工程质量影响分析；

f) 施工过程中如发生质量事故，经处理补救后，达到设计要求的认可证明文件等。

5.3 路基压实度检验采用灌沙法，每200m至少测2处，按JTG F80/1—2004中附录B的规定进行评定。

5.4 路面结构层厚度每200m至少测1处，按JTG F80/1—2004中附录H的规定进行评定。

5.5 硬化路面弯拉强度检验采用小梁法，每500m至少取1组，按JTG F80/1—2004中附录C的规定进行评定。

5.6 路面宽度、路基宽度、路基高度、边沟、截水沟、排水沟等每200m至少测2处，按JTG F80/1—2004的规定进行评定。

5.7 错车道、圆曲线、回头曲线、同向圆曲线、反向圆曲线、纵坡、缓和坡段、纵坡变更处竖曲线、道路平面交叉、路拱横坡、坡口坡度、坡口宽度、挡土墙、桥头引道渐变率、安全设施、指示牌、警告标志等按田间道路情况进行100%的检验，如实际检验和评定中无上述某一项目则该项目在评定中视为满分。

6 评定规则

6.1 工程质量检验评分以分项工程为单元，采用100分制进行。

6.2 按实测项目采用加权分累加法计算，分项工程评分值不小于75分者为合格；小于75分者为不合格。评定为不合格的分项工程，经加固、补强或返工、调测，满足设计要求后，可以重新评定其质量等级。

6.3 分部工程所属各分项工程全部合格，则该分部工程评为合格；所属任一分项工程不合格，则该分部工程为不合格。

6.4 单位工程所属各分部工程全部合格，则该单位工程评为合格；所属任一分部工程不合格，则该单位工程为不合格。

6.5 检验项目及各检验项目加权分值见表6。

表6 检验项目及加权分值

序号	项目名称	对应条款	加权值
1	路基压实度	4.2.3	8
2	硬化路面弯拉强度或砂石路面弯沉值	4.3.1	8
3	路面结构层厚度	4.3.2	8
4	质量保证资料	5.1.2	10
5	圆曲线	4.1.4	4
6	回头曲线	4.1.5	4
7	同向圆曲线	4.1.6	4
8	反向圆曲线	4.1.6	4

（续）

序号	项目名称	对应条款	加权值
9	纵坡	4.1.7、4.1.8	4
10	缓和坡段	4.1.9	4
11	纵坡变更处竖曲线	4.1.10	4
12	道路平面交叉	4.6	4
13	路拱横坡	4.3.3	4
14	坡口坡度	4.4.1	4
15	坡口宽度	4.4.1	4
16	桥梁、涵洞	4.5	4
17	安全设施	4.7.1	4
18	指示牌	4.7.1	4
19	警告标志	4.7.1	4
20	挡土墙	4.2.8	3
21	错车道	4.1.2	3

注：如检验无此项目，则评定中视为满分。

6.6 桥梁、涵洞的检验评定可按照 JTG F80/1—2004 的相关要求进行。

本标准由农业部农业机械化管理司提出；

本标准由全国农业机械化标准化技术委员会农业机械化分技术委员会（SAC/TC 201/SC 2）归口；

本标准起草单位：农业部农业机械试验鉴定总站、四川省农业机械鉴定站。

附录3 日光温室大棚微型耕整地机械化作业技术规范
(DB34/T 896—2009)

1 范围

本标准规定了微型耕整地机械在日光温室大棚内耕整地的作业准备、对操作机手要求、机具检查与调整、操作规程、作业质量及注意事项。

本标准适用于标定功率小于或等于7.5kW柴、汽油发动机驱动的手扶微型耕整地机械。

2 规范性引用文件

下列文件中的条款通过本标准的引用而成为本标准的条款。凡是注日期的引用文件，其随后所有的修改单（不包括勘误的内容）或修订版均不适用于本标准，然而，鼓励根据本标准达成协议的各方研究是否可使用这些文件的最新版本。凡是不注日期的引用文件，其最新版本适用于本标准。

GB 10395.10—2006　农林拖拉机和机械　安全技术要求　第10部分：手扶（微型）耕耘机

GB 10396—2006　农林拖拉机和机械、草坪和园艺动力机械　安全标志和危险图形　总则

JB/T 10266.1—2001　微型耕耘机　技术条件

NY/T 499—2002　旋耕机作业质量

DB 34/T 324—2003　钢架塑料大棚技术条件

3 术语和定义

下列术语和定义适用于本标准。

3.1 梭形耕法

由地块的一侧进入，一行紧接一行，往返耕作，最后耕地头。

3.2 套耕法

把地块按同一宽度区划成四个小区，先在第一、三小区交替耕作完后，再转移到第二、四小区交替耕作。

3.3 回耕法

从地块的一侧进入，由四周耕向中心。

3.4 伏耕法

从地块中心进入，由中心向两侧交替耕作。

4 作业准备

（1）清除通向作业的温室大棚的道路、桥梁上的障碍物，不能清除的障碍物加以标志。

（2）作业机具应顺畅进出作业的温室大棚，在温室大棚内应有较好的通过性（温室大棚符合 DB34/T 324—2003 第四条的规定）。

（3）彻底清理棚内的残株杂物、障碍物，尤其是地表以下隐藏的障碍物，对于隐藏又不能清除的障碍物必须做好明显标记。

（4）地面平整，土壤中不应含有石块等易损害刀具的杂物。

（5）棚边缘的农膜应当卷起 1m 以上。

5 对操作机手要求

（1）操作机手必须经过正规的机械操作与维修技术培训，熟悉所操作机具的结构、特点、作用、维护保养等。

（2）操作机手要严格按照使用说明书进行实际操作。

（3）严禁操作机手在酒后或身体疲劳状态下操作机具。严禁未成年人操作。操作机手在作业时要穿工作服，以免引起伤害。

6 机具检查与调整

（1）微型耕整地机具的整机及其发动机、传动系、行走系、转向系、制动等技术要求应符合 JB/T 10266.1—2001 第四条的规定。各润滑部位加注润滑油；各调节机械和转动部分灵活可靠；防护罩紧固可靠。

（2）按照农艺要求，选择配套农具并按《使用说明书》进行正确安装。

（3）按照发动机《使用说明书》要求，在发动机熄火的情况下，加注规定的燃油，更换或补充规定牌号机油，各润滑部位加注润滑油。

（4）检查配套机具连接，各紧固件螺栓螺母拧紧；各调节机械和转动部分灵活可靠；防护罩紧固可靠。

（5）在发动机熄火的情况下检查刀片的磨损与牢固情况，有磨损需及时更换。

（6）在耕整地作业前，必须按要求提前对机具进行检查调整。调整包括：离合器、转向把手及耕作宽度、深度调整。各部位具体调整方法参照机具《使用说明书》。

（7）检查调整后要进行空运转或试作业，注意观察机器及各部件工作是否正常，如有异常，及时调整；确认运转正常后，方可投入正常作业。

（8）严禁在冷车启动后，立即进行大负荷工作。

7 操作规程

7.1 施用基肥

密植作物施用基肥，可将肥料（化肥或农家肥）均匀撒施在地表，待耕作时翻埋到土壤中；稀植作物应在耕作后采取条施或穴施方法。

7.2 确定合适的作业方式

棚体宽度 4m 以下宜采取梭形耕法，空行少，时间利用率较高，不易漏耕。棚体宽度 4m 或以上、长方形大地块宜采取回耕法或伏耕法，操作方便，转弯小，工作效率高。棚体宽度 6m 或以上、大地块宜采取套耕法，减少地头空行时间。

7.3 选择适耕期

宜选择土壤含水量在25%~40%的适耕期内进行作业。

7.4 田间作业

（1）发动机的启动：按《使用说明书》规定的步骤启动发动机。

（2）起步作业：先将离合器手柄放于[离]的位置，用变速操纵杆选择合适的前进挡位置，再将离合器的手柄缓缓放到[合]的位置，小油门慢慢起步，然后逐渐加大油门，使机具前进作业。

（3）转弯与变速：转弯时应减小油门，推动手把转弯或分离左右半轴离合器转弯。需变速作业时，先将发动机油门关至最小，离合器手柄放在[离]的位置，待换到需要的挡位，再将离合器手柄缓缓放到[合]的位置，逐渐加大油门，使机具变速后前进作业。

（4）停机：分离离合器，油门关至最小，把变速杆放在空挡位置，关闭发动机。

（5）工作中如发现发动机或机具有异常，应立刻停车检查，排除故障后方可继续作业。检查机具时，必须切断动力，如需更换零部件时，将发动机关闭。

（6）作业中，机具离温室大棚两边和两端的距离不得小于15cm。

（7）前方有障碍物或到棚边不得猛提把手，应先减小油门，确定好安全行驶线路，再慢慢地提起把手，进行转弯或躲避障碍物。

（8）耕作后对机具没有耕作到的地方进行人工修补。

8 作业质量

（1）耕作深度不低于20cm。

（2）作业后，重耕率应小于5%，漏耕率应小于1%。

（3）作业时，要求地表平整度小于5cm，碎土率大于85%，土壤中直径4cm以上的土块数量应少于2%。

（4）作业质量考核标准参照NY/T 499—2002第五条检测方法中的规定执行。

9 注意事项

（1）温室大棚注意通风，尽量把门打开，棚膜掀起，使废气及时排出，避免对操作者造成伤害。在密封的棚内作业时，应间断性作业。

（2）照明条件不良时，应停止作业。

（3）机器运转时，任何人都不准靠近机器运转部位和皮带处，以免发生危险。

（4）安全防护应符合GB 10395.10—2006的要求。

（5）警示标志应符合GB 10396—2006的要求。

（6）作业完毕后要及时清洁机具，按要求对主机和配套机具进行维护保养，入库保存。

本标准由安徽省农业机械管理局提出；

本标准由安徽省农业标准化技术委员会归口；

本标准起草单位：安徽省巢湖市农业机械管理局。

附录4 现代设施农业园区农业装备配套规范

(DB3201/T 202—2012)

1 范围

本标准规定了现代设施农业园区农业装备配套的基本条件、基础设施规范、农业装备配套规范。

本标准适用于南京市范围内设施园艺、设施水产、设施畜牧农业园区农业机械及设备的配套。

2 术语和定义

2.1 设施农业

是指通过现代化农业工程和机械技术手段和装备，改变或控制动植物生产所需的温度、湿度、光照、水、肥、气等环境因子，提供动植物生长适宜环境条件，摆脱传统生产方式对自然环境依赖而进行有效生产的农业。

2.2 设施农业园区（以下简称园区）

是指采取设施农业生产方式生产，符合"生产标准化，经营规模化，产品品牌化"要求，环境优越、设施完善、管理规范、配套齐全、效益良好的优质农产品生产园区。

2.3 农业装备

是指在农业生产中，以及农产品加工和处理过程中使用的各种机械及设备。

3 基本条件

3.1 人员要求

农业机械及设备操作人员应当接受培训，并取得相应操作证书，方可从事农业机械及设备的操作。

3.2 园区规模

园区要有一定规模。本标准针对园区基本规模单位规定装备配套规范。基本规模单位是：玻璃温室1hm²；普通设施大棚、苗木经济林果以及茶园33.3hm²；畜禽养殖：奶牛为100头，肉禽年出栏20 000只，蛋禽年存栏2 000只；水产养殖：1hm²水面。

4 基础设施规范

（1）园区沟、渠、路、桥、涵闸配套合理。主要生产道路要达到大中型农业机械通过的宽度，一般不小于3m，路两旁开挖排水沟，生产道路要硬质化，并与村庄及乡村公路连接；田间路宽1～2m，与主要生产道路连接。生产道路与田间道路要结合灌溉沟渠合理布

置，达到既利于灌排、机械作业，又便于运输、田间管理。园区应有灌溉用清洁水源，水源点及管网沟渠布置合理。

（2）园区应配有满足农业机械存放的库棚、维修场所、配件储备及储油设施，并有农业机械及设备所需电力供应。

（3）设施大棚宽度应能保证机械进入和作业回转需要，一般应为跨度8m以上大棚，大棚高度不低于3.2m，肩高1.8m以上，棚长不小于40m。茶园垄间应设置满足机械作业所需回转空间。

5 农业装备配套规范

5.1 设施种植园区装备配套

5.1.1 玻璃温室装备配套（按1hm²配套）

1hm²玻璃温室装备配套机具品种及数量见表1。

表1　1hm²玻璃温室装备配套机具品种及数量

机械类别		基本参数	单位	数量
田园管理机（配套旋耕机、起垄机、铺膜机）		功率4.4~6.3kW	台套	2
植保机械	手推（担架）式喷雾机	液泵流量30~50L/min	台	2
	常温烟雾机	喷雾量≥0.1L/min	台	1
	静电喷雾器	流量0.6~1.4L/min	台	5
节水灌溉设施（含自动肥水控制系统）		电机功率≥3kW	套	1
二氧化碳气肥机（选配）		—	台	1
糖度仪（选配）		—	台	1
保鲜库（选配）		≥200m³	座	1
冷藏运输车（选配）		1 000kg	辆	1
搬运机（选配）		功率2.5kW	辆	1
智能化监控设施（选配）		—	套	1
育苗机（选配）		—	台	1
移栽机（选配）		—	台	1
分级包装机（选配）		—	套	1
温湿度调节装置（选配）		—	—	—

5.1.2 普通设施大棚装备配套（按33.3hm²配套）

33.3hm²普通设施大棚装备配套机具品种及数量见表2。

表2 33.3hm² 普通设施大棚装备配套机具品种及数量

机械类别		基本参数	单位	数量
大棚王拖拉机（配套旋耕机、开沟机、起垄机）		功率≥22kW	台套	1
田园管理机（配套旋耕机、起垄机、铺膜机）		功率4.4~6.3kW	台套	4
植保机械	手推（担架）式喷雾机	液泵流量30~50L/min	台	2
	常温烟雾机	喷雾量≥0.1L/min	台	2
	静电喷雾机	流量0.6~1.4L/min	台	10
节水灌溉设施（选配自动肥水控制系统）		电机功率≥3kW	套	2
保鲜库		≥300m³	座	1
搬运机		功率2.5kW	辆	2
二氧化碳气肥机（选配）		—	台	4
灭虫灯（选配）		控制范围3.3hm²	台	10
冷藏运输车（选配）		1 000kg	辆	1
糖度仪（选配）		—	台	1
温湿度监测装置（选配）		—	—	1
育苗机（选配）		—	台	1
移栽机（选配）		—	台	1
土壤消毒设备（选配）		—	套	1

5.1.3 露天设施生产装备配套（按33.3hm²配套）

5.1.3.1 苗木经济林果装备配套

33.3hm²苗木经济林果装备配套机具品种及数量见表3。

表3 33.3hm² 苗木经济林果装备配套机具品种及数量

机械类别	基本参数	单位	数量
保鲜库	≥300m³	座	1
手推（担架）式喷雾机	液泵流量30~50L/min	台	4
节水灌溉设施（含自动水肥控制系统）	电机功率≥3kW	套	2
田园管理机（配套旋耕机、除草机）	功率4.4~6.3kW	台套	4
果树修剪机	最大剪枝直径20~30mm	台	4
搬运机	功率2.5kW	辆	2
灭虫灯	控制范围3.3hm²	台	10
采摘机（选配）	—	—	
清洗分级包装机械（选配）		套	1

5.1.3.2 茶园装备配套

33.3hm² 茶园装备配套机具品种及数量见表4。

表4 33.3hm² 茶园装备配套机具品种及数量

机械类别		基本参数	单位	数量
田园管理机（配套旋耕机、除草机、深松机）		功率4.4~6.3kW	台套	4
手推（担架）式喷雾机		液泵流量30~50L/min	台	4
茶树修剪机	单人	功率0.8kW	台	3
	双人	功率1.2kW	台	3
采茶机（双人）		300~400kg/h	台	3
节水灌溉设施		电机功率≥3kW	套	2
茶叶清洁化生产流水线（杀青、揉捻、成型、烘干等）		—	条	1
保鲜库		≥200m³	座	1
搬运机		功率2.5kW	辆	2
智能化防霜风扇或自动网纱覆盖系统（选配）		—	—	—
灭虫灯（选配）		控制范围3.3hm²	台	10

5.2 设施养殖装备配套

5.2.1 畜禽养殖装备配套

畜禽养殖装备配套机具品种及数量见表5。

表5 畜禽养殖装备配套机具品种及数量

机械类别		基本参数	单位	数量
奶牛	挤奶设备	20头以上	套	1
	贮奶罐	常温下24h升温≤2℃	套	1
禽	禽蛋收集设备（选配）	—	套	1
	保鲜库	≥60m³	座	1
自动饮水、喂饲系统		—	套	1
消毒清洁设备		—	套	1
畜禽粪便处理机		处理量≥15m³/h	台	1
通风设备		—	套	1
降温设施		—	套	1
搬运机		功率2.5kW	辆	1
饲料加工设备（选配）		—	套	1

5.2.2 水产养殖装备配套（按1hm²水面配套）

1hm²水面水产养殖装备配套机具品种及数量见表6。

表6 1hm²水面水产养殖装备配套机具品种及数量

机械类别			基本参数	单位	数量
增氧机	鱼	叶轮式（选用）	功率1.5kW	台	3
		水车式（选用）	功率1.5kW	台	3
	虾、蟹	微孔增氧设施	功率1.5kW	套	2
投饲机			最大投饲能力≥160kg/h	台	2
冷冻保鲜库			≥60m³	座	1
颗粒饲料压制机（选配）			生产效率300~500kg/h	台	1
清淤机（选配）			泥浆泵流量≥100m³/h	台	1
水质监控系统（特种水产品）（选配）			—	—	—
活鱼运输车（选配）			1 000kg	辆	1
搬运机（选配）			功率2.5kW	辆	2

本标准由南京市农业委员会农业装备处提出；

本标准主要起草单位：南京市农业机械技术推广站、南京市农业委员会农业装备处、浦口林大现代农业示范园。

附录5 蔬菜钵苗移栽机械化技术规程

(DB 4201/T 425—2013)

1 范围

本标准规定了蔬菜钵苗移栽机械化作业技术条件、移栽机械作业操作规程。

本标准适用于武汉地区导苗管式蔬菜移栽机械,其他地区可参考应用。

2 规范性引用文件

下列文件对于本文件的引用是必不可少的。凡是注日期的引用文件,仅所注日期的版本适用于本文件。凡是不注日期的引用文件,其最新版本(包括所有的修改单)适用于本文件。

GB 10395.9 农林拖拉机和机械 安全技术要求

JB/T 10291—2001 旱地栽植机械

3 作业条件

3.1 钵苗条件

3.1.1 钵体尺寸

钵苗用穴盘培育,圆柱形钵体直径不大于5cm,正方形钵体边长不大于4cm。

3.1.2 秧苗尺寸

常规培育的秧苗,高度10～15cm,开展度15cm。秧苗健壮,直立无损伤。

3.1.3 取苗及运输时,应防止钵体碎裂和秧苗损伤,同时应将秧苗放在阴凉处。

3.2 整地条件

(1)根据土壤性状采用相应的耕整地方式,旋耕作业深度10～20cm。

(2)起垄宽度和高度不超过移栽机工作范围,垄面平整、土块细碎、土壤含水率不超过25%。

3.3 机具条件

移栽机应能调节栽插行距、株距和深度,机具各项性能指标应符合JB/T 10291的规定。

4 移栽机试运转

4.1 作业前

4.1.1 检查发动机燃油量和机油量。

4.1.2 检查变速箱机油,检查和调整各传动件。

4.1.3 检查其他注油处润滑情况。

4.1.4 检查开沟器和覆土器的工作状态。

4.1.5 按移栽机使用说明书依次检查各紧固件的紧固状态。

4.2 空车试运转

4.2.1 将移栽机变速杆放置在"空挡"位置。

4.2.2 启动发动机。

4.2.3 检查和调整转向离合器和栽植离合器。

5 移栽作业

5.1 运送移栽机至地头应选用适宜的运输工具并固定牢靠。

5.2 操作人员经培训合格后方可上机,上机操作应遵循使用说明书。

5.3 栽植作业。

5.3.1 按地块大小和形状设计好作业路线。

5.3.2 将钵苗从穴盘中取出。

5.3.3 根据作业路线的长度,在钵苗托盘上摆放至少足够栽植一个来回的钵苗。

5.3.4 保持作业路线的直线性,确保移栽行距、株距和深度符合农艺要求。

5.3.5 地头转弯或倒车时,栽植部件应停止工作。

5.3.6 操作人员放置钵苗应及时准确,防止漏栽。

5.3.7 随时检查移钵苗移栽情况,如出现连续漏栽、伤苗和覆土、镇压不符合要求,应立即关停移栽机并调整机具。

6 安全操作

6.1 安全操作要求按GB 10395.9的规定执行。

6.2 作业时禁止无关人员靠近机器。

6.3 发动机启动后应随时注意周边情况,确保安全。

6.4 检查、调整移栽机时应关停发动机。

6.5 禁止夜间作业。

6.6 其他安全注意事项遵循说明书执行。

7 维护保养

7.1 日常保养

7.1.1 作业结束后,应及时清扫附在机具上的泥土及其他杂物。

7.1.2 检查机器各部件及其他紧固情况。

7.2 入库保养

7.2.1 清洗机体,避免水进入传动部件。

7.2.2 各润滑部位补充润滑油(脂)。

7.2.3 存放于灰尘少、干燥、避光、无腐蚀性物质的场所。

7.2.4 清点随机工具和相关零配件,并与移栽机一同入库。

8 田间管理

8.1 移栽前，根据土壤特性、蔬菜种类和需肥规律，施足底肥。

8.2 在移栽前7d，追施少量速效肥，促进根系盘结。

8.3 移栽作业完成后，迅速浇足量的定根水和活苗水。

8.4 幼苗成活后，以速效氮肥为主进行根施或叶面喷施。

本标准由武汉市农业局提出并归口；

本标准起草单位：武汉市农业机械鉴定推广站。

附录6　设施蔬菜生产机械化技术规范

（DB 4201/T 473—2015）

1　范围

本标准规定了设施蔬菜生产耕整地、种植、田间管理、叶菜收获四个环节的机械化作业的机具选择、作业要点、作业质量。

本标准适用于武汉地区设施蔬菜生产的机械化作业，其他地区可参考引用。

2　规范性引用文件

下列文件对于本文件的引用是必不可少的。凡是注日期的引用文件，仅所注日期的版本适用于本文件。凡是不注日期的引用文件，其最新版本（包括所有的修改单）适用于本文件。

GB 10395.1—2009　农林机械　安全　第1部分：总则

GB 10395.5—2013　农林机械　安全　第5部分：驱动式耕作机械

GB 10395.6—2006　农林拖拉机和机械　安全技术要求　第6部分：植物保护机械

GB 10395.8—2006　农林拖拉机和机械　安全技术要求　第8部分：排灌泵和泵机组

GB 10395.9—2006　农林拖拉机和机械　安全技术要求　第9部分：播种、栽种和施肥机械

GB 10395.10—2006　农林拖拉机和机械　安全技术要求　第10部分：手扶（微型）耕耘机

GB 16715　瓜菜作物种子

NY 1232—2006　植保机械运行安全技术条件

JB/T 10291—2001　旱地栽植机械

3　耕整地

3.1　旋耕

3.1.1　机具选择

根据不同区域设施蔬菜种植方式、土壤条件、田块规模等因素综合考虑，合理选择机具和作业工艺。换茬耕整用304型至554型适宜棚内作业的拖拉机配套旋耕机旋耕；耕性良好的土壤可用手扶（微型）耕耘机，但每年须用拖拉机配套旋耕机旋耕一次。

3.1.2　作业要点

（1）在耕整地作业前，应按GB 10395.1、GB 10395.5、GB 10395.10要求提前对机具进行检查调整。

（2）耕作应适时。前茬作物收获后，应适时灭茬，选择土壤含水率在15%～25%的适

耕期内进行耕作作业。

（3）作业中，棚边缘的农膜应当卷起 1m 以上，机具离温室大棚两边和两端的距离≥15cm。作业速度应根据土壤条件合理选定，作业到地头转弯或转移过地埂时，应将机具提起，减速行驶。

3.1.3　作业质量

（1）旋耕作业深度 12 ~ 18cm，手扶（微型）耕耘机作业深度 8 ~ 10cm。作业耕深稳定性≥85%，深浅均匀一致，表土细碎、松软，符合农艺要求。

（2）作业后地头整齐，到边到拐，耕幅误差≤5cm，整地表面无杂物，平整度小于5cm，碎土率大于 85%，土壤中直径 4cm 以上的土块数量应少于 2%。不得将土壤中的肥料耕翻出地面，不得漏耕。

3.2　开沟作垄覆膜铺滴灌带

3.2.1　机具选择

根据农艺要求选用 6.60 ~ 8.82kW 多功能管理机，分别按照开沟、起垄、铺膜、起垄覆膜一体、起垄覆膜铺滴灌带一体等不同农艺需求安装配套机具。

3.2.2　作业要点

（1）作业前确认检查各部分的连接情况，确认机具调整是否符合作业要求。

（2）机具作业时，严格按照说明书的要求进行操作。

（3）作业路线。先从棚两边开始，最后在中间进行作业。

3.2.3　作业质量

（1）机械开沟作业完成后，开沟机抛落的土块分布均匀，开沟沟底平整，沟壁坚实，每 50m 弯曲度≤5cm。田边沟略低于腰沟，腰沟略低于畦沟，沟沟相通。

（2）成垄的形状和截面符合设计要求，垄形一致性≥95%，垄距偏离≤5cm。

（3）地膜宽度为垄宽 + 20cm 左右。地膜封闭严密，覆土均匀、连续，地膜翻边≤3cm，机械铺膜作业中地膜损坏率≤1.0%。

4　种植

4.1　精密直播

4.1.1　机具选择

选择自带动力的小型精密直播机，机具具有可更换播种轮，调整行距、株距、开沟、压实等功能，适应各类直播的蔬菜品种。

4.1.2　作业要点

（1）在播种作业前，应按 GB 10395.1、GB 10395.9 要求提前对机具进行检查调整。

（2）播种前准备。种子发芽率≥99%，清除种子里的杂物；播种机状态良好，播种盒中无杂物；土地平整，土块细腻。

（3）播种深度以 2 ~ 3cm 较为适宜，水分不足时可以加深至 3 ~ 4cm，播后应镇压。

（4）播种机工作时应匀速前进。作业路线先从棚两边开始，最后在中间进行作业。

4.1.3　作业质量

（1）播种粒距均匀，无断条、漏播、重播现象，漏播率≤3%，重播率≤5%。

（2）播种深度3cm，偏差1cm。播深一致，合格率≥85%。

（3）播行要直，行距一致。播行50m长度范围内，其直线度偏差≤3cm，实际行距与规定行距偏差≤2cm，播幅间的邻界行距≤2cm。

4.2 精量穴盘播种

4.2.1 机具选择

（1）采用气吸式原理的穴盘精量播种机，气压、播种穴数可调，工作电压为220～380V。

（2）种子质量符合GB 16715中二级以上要求，种子发芽率≥99%。

（3）穴盘。采用外形尺寸54.9cm×27.8cm的标准穴盘，穴盘应不变形、不破损。

4.2.2 作业要点

（1）在播种作业前，应按GB 10395.1、GB 10395.9要求提前对机具进行检查调整。

（2）检查。接通电源，启动空压机，空压机运转应正常。接通电源，启动穴盘播种机，启动机器各开关按钮，均能正常运转，作业时播种盒里不能有土、灰尘等异物。

（3）调试。连接空气压缩机和播种机之间的空气接管，根据穴播盘1列的穴盘数选择对应吸针杆及落种导轨，使种子落在播种盘孔的正中央。

（4）工作。将预湿好的基质装入穴盘中，打开电源开始播种，根据种子的消耗程度应注意补种或调节压力。

（5）盖种、浇水。播种后，再覆盖一层基质，多余基质用刮板刮去，使基质与穴盘格室相平。种子盖好后喷透水，以穴盘底部渗出水为宜，后进行催芽。

4.2.3 作业质量

每穴播种一粒种子，播种深度0.5～1cm，播种空穴率≤1%。

4.3 钵苗机械移栽

4.3.1 机具选择

（1）采用自走式半自动钵苗移栽机，移栽作业适应行距30～50cm，株距30～60cm，栽植深度3～9cm。

（2）移栽秧苗以穴盘培育，穴盘钵体直径不大于5cm，正方形钵体边长不大于4cm。秧苗高10～15cm，开展度10～15cm，健壮，盘根好，苗直无损伤。

4.3.2 作业要点

（1）在移栽作业前，应按GB 10395.1、GB 10395.9、JB/T 10291要求提前对机具进行检查调整。

（2）检查。按说明书要求对移栽机各部件、油料进行检查。作业前进行试栽，如出现连续漏栽、伤苗和覆土、镇压不到位的情况，应调整机具。

（3）栽植作业。按地块的大小、形状设计好移栽路线，根据移栽路线的长度，在秧苗托盘上摆放至少足够栽植一个来回的秧苗。保持移栽路线的直线性，确保行间距、移栽深度和密度符合要求。在地头拐弯、倒车时，应停止栽植工作。

4.3.3 作业质量

钵苗机械移栽频率≥50株/min，立苗率≥90%，埋苗率≤1%，伤苗率≤2%，漏栽率≤2%，株距变异系数≤20%，栽植深度合格率≥90%。

5 田间管理

5.1 微灌

5.1.1 机具选择

（1）按灌水小区的流量和扬程及水源等相关要求选择水泵机组，实行适量灌水，灌水定额宜小不宜大，宜选择采用微喷灌、滴灌等节水灌溉技术。

（2）管路及附件应本着经济、实用、安全的原则，合理选定。标准 42m×8m 的 10 个大棚，供水压力以 150～200kPa 为宜，支管孔径 63～75mm，毛管孔径 30～32mm，滴头间距 25～30cm，滴头流量 2.0L/h。

5.1.2 作业要点

（1）在微灌作业前，必须按 GB 10395.8 要求提前对机具进行检查调整。

（2）离心泵（除自吸泵外）启动前要先向泵内充满水或用真空泵等附属装置抽气、引水，关闭出水管上的闸阀，关闸时间一般不得超过 3min。

（3）水泵运行中，操作人员要严守岗位，加强检查，查看各仪表工作、水泵出水量是否正常，注意水泵的响声和振动感，注意水泵进、出水管路是否有进气漏水地方，随时检查轴承的温升是否正常等，发现异常情况，立即停机检查排除。

（4）喷灌中发现喷头停摆时，要迅速排除影响喷头摇摆的故障。

5.1.3 作业质量

灌水小区流量和灌水器流量的实测平均值与设计值的偏差≤15%，微灌系统的灌水均匀系数≥0.8。

5.2 植保

5.2.1 机具选择

根据作物品种、生育期、病虫草害种类确定农药及剂型后，选择适宜的植保机具，植保机械在田间移动喷药时，应有良好的通过性能，不损伤作物。

5.2.2 作业要点

（1）在植保作业前，必须按 GB 10395.6、NY 1232—2006 要求提前对机具进行检查调整。

（2）使用前做好植保机具部件的检查，一切正常时方可正式使用，作业时严格按照植保机具和技术操作规程的要求进行操作。

5.2.3 作业质量

喷洒（撒）雾化性能良好，漂移少，附着性能好，无漏喷、重喷现象，覆盖均匀，密度达到农艺要求。

6 叶菜收获

6.1 机具选择

根据叶菜类的品种和消费习惯选择适宜收获机械。

6.2 作业要点

（1）在收获作业前，必须按 GB 10395.1 要求提前对机具进行检查调整。

（2）使用机器前，检查运转部件是否工作良好。严格按照机具说明书的操作要求进行作业。

（3）待作业的地面要求平整，地表相对硬实，叶菜生长整齐一致。工作路线先从大棚中心的垄开始作业，再依次向外收获。

6.3　作业质量

6.3.1　割茬收获作业时，要求割茬高度一致，高度以不留底叶为准，一般为 2cm 左右。整株收获作业时，要求蔬菜底部无损伤，可轻松拾起。

6.3.2　综合损失率≤3%，破损率≤5%，清洁率≥95%。

本标准由武汉市农业局提出并归口；

本标准起草单位：武汉市农业机械鉴定推广站。

附录7 小白菜生产全程机械化技术规范

（DB 4201/T 525—2017）

1 范围

本标准规定了小白菜（*Brassica campestris* L. ssp. *chinensis* Makino）生产耕整地、播种、田间管理、收获四个环节的机械化作业的机具选择、作业要点、作业质量。

本标准适用于武汉地区小白菜生产的机械化作业，其他地区可参考引用。

2 规范性引用文件

下列文件对于本文件的引用是必不可少的。凡是注日期的引用文件，仅所注日期的版本适用于本文件。凡是不注日期的引用文件，其最新版本（包括所有的修改单）适用于本文件。

GB 10395.5—2013 农林机械 安全 第5部分：驱动式耕作机械

GB 10395.6—2006 农林拖拉机和机械 安全技术要求 第6部分：植物保护机械

GB 10395.9—2014 农林拖拉机和机械 安全技术要求 第9部分：播种、栽种和施肥机械

GB 10395.10—2006 农林拖拉机和机械 安全技术要求 第10部分：手扶（微型）耕耘机

GB/T 15369—2004 农林拖拉机和机械 安全技术要求 第3部分：拖拉机

GB 16715.1—2010 瓜菜作物种子 第2部分：白菜类

NY 1135—2006 植保机械 安全认证通用要求

NY 2800—2015 微耕机 安全操作规程

NY 2609—2014 拖拉机 安全操作规程

NY/T 740—2003 田间开沟机 作业质量

NY/T 2624—2014 水肥一体化技术规范 总则

DB4201/T 442—2014 微灌工程建设技术规范

3 耕整地

3.1 旋耕

3.1.1 机具选择

根据土壤条件、田块规模等因素综合考虑，机具符合GB/T 15369—2004、GB 10395.5—2013、GB 10395.10—2006规定的要求。合理选择作业工艺，换茬耕整用29.42kW（40马力）以上的拖拉机配套旋耕机旋耕，耕性良好的土壤可用手扶（微型）耕耘机。

3.1.2 作业要点

（1）作业前，用拖拉机配套撒肥机按农艺要求施足底肥。

（2）在耕整地作业前，按NY 2609—2014、NY 2800—2015规定的要求提前对机具进行检查调整。

（3）适时耕作。前茬作物收获后，必须适时灭茬，选择土壤含水率在15%～25%的适耕期内进行耕作作业。

（4）棚内作业时，提前将大棚侧膜卷起1m以上；机具外侧的旋耕刀避免碰到温室的拱杆、立柱、基础。作业速度应根据土壤条件合理选定，作业到地头转弯或转移过地埂时，应将机具提起，减速行驶。

3.1.3 作业质量

（1）旋耕作业深度12～15cm，作业耕深合格率≥90%，深浅均匀一致，表土细碎、松软，符合农艺要求。

（2）作业后地头整齐，到边到拐，整地表面无杂物，平整度≤4cm，碎土率≥80%。不得将土壤中的肥料耕翻出地面，不得漏耕。

3.2 作垄

3.2.1 机具选择

选用6.62kW（9马力）以上的多功能管理机配套起垄机或开沟机，开沟刀规格为30cm，起垄机具可起垄面宽度120cm。

3.2.2 作业要点

（1）作业前确认检查各部分的连接情况，确认机具调整是否符合作业要求。

（2）提前拉直线标注机具的作业轨迹。

（3）机具作业时，严格按照说明书的要求进行操作。

（4）大棚作业时，先从棚两边开始，最后在中间进行作业。

3.2.3 作业质量

（1）开沟作业完成后，作业质量应符合NY/T 740—2003的要求。

（2）起垄机作业完成后，成垄的形状和截面符合设计要求，垄形一致性≥95%，垄距偏离≤5cm，邻接垄距合格率≥80%。

4 直播

4.1 机具选择

直播机选择符合GB 10395.9—2014的要求，机具应一次性完成开沟、播种、覆土、镇压功能，调整行距10～12cm，株距4～6cm，开沟深度2cm，每穴播种2粒。

4.2 作业要点

（1）在播种作业前，必须按说明书要求对机具进行检查调整。

（2）种子质量符合GB 1675.1—2010要求。

（3）播种机工作时应匀速前进。大棚作业时，从两边开始，最后在中间进行作业。

4.3 作业质量

（1）播种粒距均匀，漏播率≤3%，重播率≤5%，合格率≥85%。

（2）播行要直。播行50m长度范围内，其直线度偏差≤5cm，实际行距与规定行距偏差≤5cm。

5 田间管理

5.1 微灌

5.1.1 机具选择

机具选择应符合 DB4201/T 442—2014 规定的要求。

5.1.2 作业要点

（1）在微灌作业前，按要求对设备进行检查调整。

（2）水肥一体化，按 NY/T 2624—2014 规定的要求进行。

5.1.3 作业质量

灌水小区流量和灌水器流量的实测平均值与设计值的偏差 ≤15%，微灌系统的灌水均匀系数 ≥0.8。

5.2 植保

5.2.1 机具选择

根据作业面积可选择背负式喷雾机、担架式喷雾机、自走式植保机，机具选择符合 NY 1135—2006 的要求。

5.2.2 作业要点

使用前做好植保机各部件的检查，一切正常时方可正式使用。作业时严格按照植保机具和技术操作规程进行操作。

5.2.3 作业质量

喷洒雾化性能良好，飘移少，附着性能好，无漏喷、重喷现象，覆盖均匀，达到农艺要求。

6 收获

6.1 机具选择

选择叶菜类根土分离式专用收获机，作业幅宽 150cm。

6.2 作业要点

（1）在收获作业前，按要求提前对机具进行检查调整。

（2）小白菜生长整齐一致，6 叶以上时即可收获。棚内作业时，先从大棚中心的垄开始作业，再依次向外收获。

6.3 作业质量

（1）收获作业时，完整保留小白菜底部。

（2）综合损失率 ≤5%，破损率 ≤5%。

本标准由武汉市农业委员会提出并归口；

本标准起草单位：武汉市农业机械化技术推广指导中心。

附录8　韭菜生产全程机械化技术规范

(DB 4201/T 526—2017)

1　范围

本标准规定了韭菜（*A. tuberosum* Rottl. ex Spreng.）生产耕整地、播种、田间管理、收获四个环节的机械化作业的机具选择、作业要点、作业质量。

本标准适用于武汉地区韭菜生产的机械化作业，其他地区可参考引用。

2　规范性引用文件

下列文件对于本文件的引用是必不可少的。凡是注日期的引用文件，仅所注日期的版本适用于本文件。凡是不注日期的引用文件，其最新版本（包括所有的修改单）适用于本文件。

GB 10395.5—2013　农林机械　安全　第5部分：驱动式耕作机械

GB 10395.6—2006　农林拖拉机和机械　安全技术要求　第6部分：植物保护机械

GB 10395.9—2014　农林拖拉机和机械　安全技术要求　第9部分：播种、栽种和施肥机械

GB 10395.10—2006　农林拖拉机和机械　安全技术要求　第10部分：手扶（微型）耕耘机

GB/T 15369—2004　农林拖拉机和机械　安全技术要求　第3部分：拖拉机

NY 1135—2006　植保机械　安全认证通用要求

NY 2800—2015　微耕机　安全操作规程

NY 2609—2014　拖拉机　安全操作规程

NY/T 740—2003　田间开沟机　作业质量

NY/T 2624—2014　水肥一体化技术规范　总则

DB4201/T 442—2014　微灌工程建设技术规范

3　耕整地

3.1　旋耕

3.1.1　机具选择

根据土壤条件、田块规模等因素综合考虑，合理选择机具和作业工艺。机具选择符合GB/T 15369—2004、GB 10395.5—2013、GB 10395.10—2006的要求，换茬耕整用29.42kW（40马力）以上的拖拉机配套旋耕机旋耕，耕性良好的土壤可用手扶（微型）耕耘机。

3.1.2　作业要点

（1）作业前，用拖拉机配套撒肥机按农艺要求施足底肥。

（2）在耕整地作业前，按NY 2609—2014、NY 2800—2015的要求提前对机具进行检查

调整。

（3）适时耕作。前茬作物收获后，必须适时灭茬，选择土壤含水率在15%～25%的适耕期内进行耕作作业。

（4）棚内作业时，提前将大棚侧膜卷起1m以上。

（5）棚内作业时，机具外侧的旋耕刀避免碰到温室的拱杆、立柱、基础。作业速度应根据土壤条件合理选定，作业到地头转弯或转移过地埂时，应将机具提起，减速行驶。

3.1.3 作业质量

（1）旋耕作业深度12～18cm，作业耕深合格率≥90%，深浅均匀一致，表土细碎、松软，符合农艺要求。

（2）作业后地头整齐，到边到拐，整地表面无杂物，平整度≤4cm，碎土率≥80%。不得将土壤中的肥料耕翻出地面，不得漏耕。

3.2 作垄

3.2.1 机具选择

选用6.62kW（9马力）以上的多功能管理机配套起垄机或开沟机、开沟刀规格为30cm，起垄机具可起垄面宽度80cm或110cm。

3.2.2 作业要点

（1）作业前确认检查各部分的连接情况，确认机具调整是否符合作业要求。

（2）提前拉直线标注机具的作业轨迹。

（3）机具作业时，严格按照说明书的要求进行操作。

（4）大棚作业时，先从棚两边开始，最后在中间进行作业。

3.2.3 作业质量

（1）开沟作业完成后，作业质量应符合NY/T 740—2003的要求。

（2）起垄机作业完成后，成垄的形状和截面符合设计要求，垄形一致性≥95%，垄距偏离≤5cm，邻接垄距合格率≥80%。

4 种植

4.1 精密直播

4.1.1 机具选择

直播机选择符合GB 10395.9—2014的要求，机具应一次性完成开沟、播种、覆土、镇压功能，调整行距30cm、株距4cm、开沟深度2～3cm、每穴播种5～6粒。

4.1.2 作业要点

（1）在播种作业前，必须按说明书要求对机具进行检查调整。

（2）播种前对种子进行清选。

（3）播种机工作时应匀速前进。大棚作业时，从两边开始，最后在中间进行作业。

4.1.3 作业质量

（1）播种粒距均匀，漏播率≤3%，重播率≤5%，合格率≥85%。

（2）播行要直。播行50m长度范围内，其直线度偏差≤5cm，实际行距与规定行距偏差≤5cm。

5 田间管理

5.1 微灌

5.1.1 机具选择

机具选择应符合DB4201/T 442—2014规定的要求。

5.1.2 作业要点

（1）在微灌作业前，按要求对设备进行检查调整。

（2）喷灌中发现喷头停摆时，要迅速排除影响喷头摇摆的故障。

（3）水肥一体化，按NY/T 2624—2014规定的要求进行。

5.1.3 作业质量

灌水小区流量和灌水器流量的实测平均值与设计值的偏差≤15%，微灌系统的灌水均匀系数≥0.8。

5.2 植保

5.2.1 机具选择

根据作业面积可选择背负式喷雾机、担架式喷雾机、自走式植保机，机具选择应符合NY 1135—2006的要求。

5.2.2 作业要点

使用前做好植保机各部件的检查，一切正常时方可正式使用，作业时严格按照植保机具和技术操作规程进行操作。

5.2.3 作业质量

喷洒雾化性能良好，飘移少，附着性能好，无漏喷、重喷现象，覆盖均匀，达到农艺要求。

5.3 中耕培土

5.3.1 机具选择

选用6.62kW（9马力）以上的多功能管理机配套开沟培土机，开沟刀规格为22cm。

5.3.2 作业要点

（1）作业前确认检查各部分的连接情况，确认机具调整是否符合作业要求。

（2）沿着沟的方向试作业5m，根据作业效果来调整培土量、培土角度和方向。

（3）机具作业时，严格按照说明书的要求进行操作。

（4）大棚作业时，先从棚两边开始，最后在中间进行作业。

5.3.3 作业质量

培土土块抛撒均匀，符合农艺要求。

6 收获

6.1 机具选择

选择自带动力的韭菜专用收获机，单行收获。

6.2 作业要点

（1）在收获作业前，按要求提前对机具进行检查调整。

（2）收获时间：韭菜生长高度≥20cm即可收获，宜在晴天上午作业。

（3）待作业的地面要求平整，地表相对硬实。

（4）棚内作业时，作业路线先从大棚中心的垄开始作业，再依次向外收获。

（5）严格按照说明书的要求进行操作。

6.3　作业质量

（1）割茬收获作业时，要求割茬高度一致，留茬高度为1cm。

（2）综合损失率≤5%，破损率≤5%。

本标准由武汉市农业委员会提出并归口；

本标准起草单位：武汉市农业机械化技术推广指导中心。

附录9 南京市标准化菜地建设技术规程

1 范围

本标准规定了标准化菜地建设的园地要求、田间设施、栽培管理、采后处理、产品要求、质量管理、标牌标识。

本标准适用于南京市标准化菜地建设。

2 规范性引用文件

下列文件对于本文件的引用是必不可少的。凡是注日期的引用文件，仅所注日期的版本适用于本文件。凡是不注日期的引用文件，其最新版本（包括所有的修改单）适用于本文件。

GB 2762　食品中污染物限量

GB 2763　食品中农药最大残留限量

GB 4285　农药安全使用标准

GB/T 8321　农药合理使用准则

GB 50288　灌溉与排水工程设计规范

GB/T 50485　微灌工程技术规范

GB/T 20203　农田低压管道输水灌溉工程技术规范

GB/T 50363　节水灌溉工程技术规范

GB 5084　农田灌溉水质标准

GB/T 50600　渠道防渗工程技术规范

GB 50265　泵站设计规范

GB 9687　食品包装用聚乙烯成型品卫生标准

GB 9693　食品包装用聚丙烯树脂卫生标准

GB 11680　食品包装用原纸卫生标准

NY/T 496　肥料合理使用准则　通则

NY 525　有机肥料

NY/T 2171—2012　蔬菜标准园建设规范

NY/T 1655　蔬菜包装标识通用准则

NY/T 5010　无公害食品　蔬菜产地环境条件

3 园地要求

3.1 环境条件

生产环境最低应符合NY/T 5010的规定。

3.2 建园面积

在符合选建条件的区域，集中连片，面积不少于20hm²。本标准按20.0～33.3hm²为基本配置。

3.3 环境与土壤

产地环境无污染，水、气、土壤环境符合国家无公害农产品产地标准要求。菜地连片肥沃，耕层厚度＞20cm，土壤有机质含量＞25g/kg，土壤全氮含量＞2.0g/kg，土壤有效磷含量＞50mg/kg，土壤速效钾含量＞130mg/kg，土壤阳离子代换量为18～28cmol/kg，土壤pH值6.0～8.0。

4 水利设施

4.1 一般规定

灌溉排水系统要在充分了解项目区水文、气象、土壤、作物、水源及排水承泄区等的情况下进行布置，确保在设计标准情况下灌溉水资源有保障，排水有出路。

应对水源的水量、水位和水质进行分析，并确定设计供水能力。以水量丰富的江、河、水库和湖泊为水源时，可不作供水量计算，但须进行年内水位变化和水质分析。

灌溉系统与排水系统宜分开布置。排水沟道、灌溉渠（管）道的布置应结合道路布置统筹考虑，并与当地地形、土质、生产要求协调。

田间沟渠布置主要有灌排相邻布置、灌排相间布置两种形式。对于地形坡向单一，灌排方向一致的地区，可采用灌溉渠道和排水沟相邻布置；对于地形略有起伏的地形，可采用灌溉渠道和排水沟相间布置。

4.2 设计标准

4.2.1 灌溉标准

设计灌溉工程时首先应根据水文气象、水土资源、蔬菜品种、灌水方法及经济效益等因素综合确定灌溉设计保证率。南京市标准化菜地的灌溉设计保证率不低于90%。

4.2.2 排水标准

日降雨量200mm当日（24h）排除。

设计排渍深度可取0.6～0.8m，耐渍深度和耐渍时间可分别取0.4m、3d。

承泄区要具有保证排水畅通的水位和容量。

4.2.3 防洪标准

防洪标准按20年一遇设计，50年一遇校核。

4.2.4 灌溉水质标准

灌溉水质应符合GB 5084的要求，对于微灌还应按GB/T 50485表3.3.2的规定进行分析并根据结果作相应的水质处理。

4.3 灌溉设施

4.3.1 灌溉制度与灌溉用水量

（1）净灌水定额与毛灌水定额　净灌水定额应根据当地灌溉试验资料确定，也可按下式计算：

$$地面灌溉 \ M=H\left(\theta_{\max}-\theta_{\min}\right) \quad\cdots\cdots\cdots\cdots\cdots\cdots\cdots\cdots\cdots\cdots\cdots\cdots\cdots（1）$$

微灌 $M=pH(\theta_{max}-\theta_{min})$ ……………………………………… (2)

式中：M 为净灌水定额，mm；H 为计划湿润层深度，mm；θ_{max}、θ_{min} 分别为计划湿润层允许的最大、最小土壤含水率（体积）；p 为微灌条件下的土壤湿润比。

毛灌水定额按下式计算：

$$M_{毛}=\eta M$$ ……………………………………………… (3)

式中：$M_{毛}$ 为毛灌水定额，mm；M 为净灌水定额，mm；η 为灌溉水利用系数，衬砌渠道灌溉系统可取0.80，低压管道灌溉系统可取0.85，微灌系统可取0.90。

各参数取值范围见表1。

表1 灌水定额计算参数取值参考表

灌溉方式	计划湿润深度H（mm）	允许最大土壤含水率（θ_{max}）	允许最小土壤含水率（θ_{min}）	土壤湿润比p（%）		灌溉水利用系数（η）
				瓜果类蔬菜	其他蔬菜	
地面灌溉	300	1.00	0.65~0.75	—	—	0.80
滴灌	300	0.90~0.95	0.75~0.85	40~50	80~90	0.90
微喷	300	0.90~0.95	0.75~0.85	60~70	90~100	0.85
涌泉灌	300	0.90~0.95	0.75~0.85	40~50	80~90	0.85

注：（1）表中所列允许最大土壤含水率、允许最小土壤含水率的值均为占田间持水量的比例；（2）行距、株距越大，土壤湿润比p取值越小，反之取值越大。

（2）灌溉定额与灌溉用水量 灌溉定额可以按全年各茬蔬菜全生育期，根据灌水定额计算公式（1）～（3）推求出各次灌水定额后累加得出。

对于缺乏资料的项目区，可以参照本地区条件相近项目区的灌溉制度确定。

项目区的灌溉需水量按毛灌溉定额与灌溉面积计算得到。

（3）设计耗水强度与设计灌水周期 露地蔬菜的设计耗水强度e，地面灌溉可取10mm/d，滴灌可取6mm/d，微喷可取8mm/d。

保护地蔬菜的设计耗水强度e，地面灌溉可取8mm/d，滴灌可取4mm/d，微喷可取6mm/d。对于在灌溉季节敞开棚膜的保护地蔬菜，按露地蔬菜选取设计耗水强度。

设计灌水周期，即相邻两次灌水的时间间隔，按下式计算：

$$T=\frac{M}{e}$$ ……………………………………………… (4)

式中：T 为设计灌水周期，d；M 为净灌水定额，mm；e 为设计耗水强度，mm/d。

（4）设计灌水流量 灌溉系统的设计灌水流量可按下式确定：

$$Q=10\times\frac{MA}{\eta Tt}$$ ……………………………………………… (5)

式中：Q 为灌溉系统的设计灌水流量，m³/h；M 为蔬菜生育期内最大的净灌水定额，mm；A 为设计灌溉面积，hm²；η 为灌溉水利用系数；T 为设计灌水周期，d；t 为系统每天工作的小时数，h/d。

一般设计灌水周期 T 一般可取 3 ~ 4d，对于特殊蔬菜应进行论证。

系统每天工作的小时数 t，渠道灌溉、低压管道灌溉系统可取 8 ~ 12h，微灌系统可取 16 ~ 22h。

4.3.2 渠道

（1）渠道布置 标准化菜地项目区的渠道一般分为斗渠和农渠两级。斗渠连接灌溉泵站、引水闸等水源工程，农渠作为末级渠道担负着田间灌溉与配水功能。

斗渠与农渠宜相互垂直布置，农渠应垂直于灌溉沟、畦布置。

渠道间距应与标准化田块的规格相适应，一般斗渠间距 200 ~ 400m，双向灌溉的农渠间距 100 ~ 200m，单向灌溉农渠间距 50 ~ 100m。

（2）渠道的结构形式 渠道断面形式可选择梯形、矩形和 U 形等。

渠道宜采用防渗措施，具体形式应本着因地制宜的原则确定，常用形式包括混凝土、沥青混凝土、砌石和铺埋膜料和黏土夯实等。防渗材料的厚度及伸缩缝设置等应符合 GB/T 50600 的规定。

（3）渠道断面设计 对渠道应进行纵、横断面设计。

在渠道布置的基础上，确定渠道的工作制度，一般斗渠采用续灌方式，农渠采用轮灌方式。各级渠道的设计流量应依其控制的设计灌溉面积、渠系的工作制度等按式（5）确定。为便于农渠轮灌工作制度的设计，斗渠设计流量应为农渠设计流量的整数倍。

渠道断面初步确定后应进行断面过流能力校核，应符合表 2 关于设计水位和设计流速的规定，校核计算的水力学公式可参照 GB 50288。

渠道内、外坡的边坡系数应根据土质及衬砌形式按 GB/T 50600 规定确定。

渠道断面设计参数的取值范围见表 2。

表 2 渠道断面设计参数表

渠道级别	堤顶高出田面	设计水位高出田面（cm）	堤顶宽度（cm）	设计流速（m/s）
斗渠	≥40cm	20~30	40~60	0.6~1.0
农渠	≥30cm	15~20	30~50	0.6~1.0

4.3.3 低压管道

（1）管道布置 一般可采用干管、支管两级固定管道。干、支管道一般相互垂直，支管宜平行于道路、垂直于作物种植方向布置。

管网可根据地块与水源情况布置成树枝状管网或环状管网。

管道间距应与标准化菜地的田块规格相适应，一般干管间距 150 ~ 300m，双向灌溉的支管间距 100 ~ 200m，单向灌溉支管间距 50 ~ 100m。给水栓安装在支管上，间距宜在 10 ~ 50m 范围内。对于保护地菜地，干、支管及给水栓的布置应与温室、大棚的布置协调一致。

管道（管顶）的埋设深度应不低于 60cm。

（2）管材的选择 一般选用硬聚氯乙烯管或聚乙烯管，也可根据当地情况选用预制混凝土管等。对于有架空跨越沟渠需要的管段，可以采用铸铁管、钢管等。

管材的公称压力应不低于管道设计工作压力，连接件的公称压力应不低于管材的公称压力。

（3）**管道直径的确定**　一般干管采用续灌方式，支管采用轮灌方式。各级管道的设计流量应按其控制的设计灌溉面积、管网工作制度等按式（5）确定。为便于支管轮灌工作制度的设计，干管设计流量应为支管设计流量的整数倍。

管道系统各管段的直径，应通过技术经济计算确定。在初估管径时，可根据设计流量和管内流速按式（6）计算：

$$D=18.8 \times \sqrt{\frac{Q}{v}} \cdots\cdots\cdots\cdots\cdots\cdots\cdots\cdots\cdots\cdots\cdots\cdots\text{（6）}$$

式中：D 为管道内径，mm；Q 为灌溉系统的设计灌水流量，m^3/h；v 为管内流速，m/s。

对于聚氯乙烯管和聚乙烯管，管内流速可取 1.0 ～ 1.5m/s；对于混凝土管，管内流速可取 0.5 ～ 1.0m/s。

（4）**管网水力设计**　管网水力设计按 GB/T 20203 中的公式计算。

系统水力设计，应使同时工作的各给水栓的流量满足式（7）的要求。

$$Q_{min} \geqslant 0.75 Q_{max} \cdots\cdots\cdots\cdots\cdots\cdots\cdots\cdots\cdots\cdots\cdots\cdots\text{（7）}$$

式中：Q_{min} 为同时工作各给水栓中的最小流量，m^3/h；Q_{max} 为同时工作各给水栓中的最大流量，m^3/h。

4.3.4　微灌

（1）**灌溉方式**　包括滴灌、微喷灌、渗灌和涌泉灌（也称小管出流）等灌溉方式，应根据水源、气象、地形、土壤、作物、社会经济、生产管理水平、劳动力等条件，因地制宜地选择。

（2）**管材与管件的选择**　一般选用塑料管与塑料管件，对于有架空跨越沟渠需要的管段，可以采用铸铁管、钢管等。

管材的公称压力应不低于管道设计工作压力，连接件的公称压力应不低于管材的公称压力。

（3）**管道布置**　一般可采用干管、支管、毛管三级管道。相邻两级管道一般相互垂直，毛管应平行于作物种植方向布置。

干管、支管的管网可根据地块与水源情况布置成树枝状管网或环状管网。

管道间距应与标准化菜地的田块规格相适应，一般干管间距150 ～ 300m，双向灌溉的支管间距100 ～ 200m，单向灌溉支管间距50 ～ 100m。支管首部宜设置闸阀。对于保护地蔬菜，干管、支管的布置应与温室、大棚的布置协调一致。

毛管及灌水器（滴头、微喷头等）的间距应按蔬菜的品种、密度及土壤的入渗性能等确定。

管道（管顶）的埋设深度应不低于60cm。

（4）**管道直径的确定**　一般干管采用续灌方式，支管、毛管采用轮灌方式。各级管道的设计流量应按其控制的设计灌溉面积、管网工作制度等按式（5）确定。为便于支管轮灌工作制度的设计，干管设计流量应为支管设计流量的整数倍。

管道系统各管段的直径，应通过技术经济计算确定。在初估管径时，可根据设计流量和管内流速按式（6）计算。

（5）**管网水力设计**　管网水力设计按 GB/T50485 中的公式计算。

采用压力补偿灌水器时，同一轮灌组的灌水小区内灌水器工作水头应在其允许的工作水头范围内；采用非压力补偿灌水器时，应对微灌系统灌水小区灌水器流量偏差率进行计算，并满足式（8）的要求：

$$q_{v}=\frac{q_{max}-q_{min}}{q_{d}} \times 100\% \leqslant 20\% \cdots\cdots\cdots\cdots\cdots\cdots\cdots（8）$$

式中：q_{v}为灌水器流量偏差率，%；q_{max}为灌水器最大流量，L/h；q_{min}为灌水器最小流量，L/h；q_{d}为灌水器设计流量，L/h。

（6）水源工程与首部枢纽 从河道或渠道中取水的，取水口处应设置拦污栅。对于从多泥沙水源取水的，应修建沉沙池。

微灌系统的首部枢纽，一般包括加压设备、过滤器、施肥（药）装置、量测和控制设备。过滤器应根据水质状况和灌水器的流道尺寸，参考GB/T50485表6.2.5进行选择。施肥（药）注入装置应根据设计流量大小、肥料和化学药物的性质及蔬菜的要求选择，并应配套必要的人身安全防护措施。

4.4 排水设施

4.4.1 明沟排水系统

（1）排水沟布置 标准化菜地项目区的渠道一般分为斗沟、农沟两级。对于保护地蔬菜，还应沿大棚纵向在其两侧布置排水毛沟。斗沟连接排涝泵站、排水承泄区等排水工程，农沟、毛沟担负着田间排水的功能。

斗沟与农沟、农沟与毛沟宜相互垂直布置，农渠应垂直于灌溉沟、畦布置。

排水沟的间距一般与灌溉渠（管）道间距相同，以满足统筹布置的要求。

（2）排水沟的结构形式 渠道断面形式一般为梯形。对于易坍塌土质的沟段可采用护坡措施，沟断面的形式可依照护坡材料而定。

（3）沟断面设计 对排水沟应进行纵、横断面设计。

各级排水沟的设计流量应按其控制面积、排水标准等参照GB 50288计算确定。

排水沟断面初步确定后应进行断面过流能力校核，应符合表3关于设计水位和设计流速的规定，校核计算的水力学公式可参照GB 50288。

斗、农排水沟内、外坡的边坡系数应根据土质按GB/T 50288的规定确定。

渠道断面设计参数的取值范围见表3。

表3 排水沟断面设计参数表

排水沟级别	堤顶高出田面	设计水位低于田面（cm）	堤顶宽度（cm）	设计流速（m/s）
斗沟	≥40cm	20~30	40~60	0.6~1.0
农沟	≥30cm	15~20	30~50	0.6~1.0
毛沟	平齐	平齐	—	0.4~0.8

4.4.2 暗管排水系统

有条件的地方可积极尝试暗管排水。暗管排水系统一般分为吸水管（田间末级排水暗管）和集水管（或明沟）两级。

暗管排水系统的设计应按GB/T 50288的规定进行。

4.5 水泵及水泵站

4.5.1 功能分类

泵站可分为灌溉泵站、排涝泵站和灌排结合泵站，对于已有灌溉系统改造时可设置加压泵站。

对于有部分自排条件的排水泵站，宜与排水闸合建。

4.5.2 水泵选型

水泵台数宜取1～3台，一般不设备用机组，可备用易耗件。

扬程较低的，可选择立式轴流泵，或潜水式轴流泵；扬程较高的，可选用卧式离心泵、卧式混流泵，或潜水式离心泵、潜水式混流泵。

水泵设计流量应满足灌溉、排水需要。水泵设计扬程应根据进、出水池设计运行水位及灌溉、排水系统的要求合理选定，并满足最低、最高运行水位组合情况下的扬程需要。

4.5.3 泵房及辅助设备

泵房的形式应根据所选水泵的形式确定。立式轴流泵站采用湿室型泵房，进水池设置在泵房下层，出水池设置在泵房外侧；卧式离心泵、卧式混流泵站采用分基型泵房，进、出水池设置在泵房外侧，泵房基础与机组基础分开建筑；潜水泵站一般采用分基型泵房。

泵房的布置与设计应符合GB 50265的规定，泵房外观应美观大方。

水泵的安装高程应满足水泵必须汽蚀余量的要求。

对于选择立式轴流泵的泵站，应设置充水预润滑装置；对于选择卧式离心泵、卧式混流泵的泵站，应设置真空泵，单泵抽气充水时间不超过5min。

泵站内应设置流量（水量）、压力等计量设备；卧式离心泵、卧式混流泵出水口应设置闸阀；对于低压管道灌溉系统、微灌系统的供水泵站，宜设置水锤消除设备。

4.6 配套建筑物

渠道上配水、灌水和交通等建筑物，以及斗沟、农沟上的交通和控制建筑物，应配备齐全。有条件的，宜在渠道上配备量水设备或量水建筑物。

4.7 灌溉自动化与智能化

经济条件许可时，微灌系统可采用自动化控制或智能化控制。

地势开阔且位于雷电多发地区的，自动控制系统应具有防雷电措施。

对于露地蔬菜，自动化或智能化控制系统应具有遇雨延时灌水的功能。

灌溉管道上的电磁阀，工作电压必须为安全电压。

5 道路布置

5.1 主路

中心道路需5m宽，硬质化，规格C35，20cm厚，单侧路肩≥80cm宽，间隔120m。

5.2 副路

副路3～4m宽，硬质化，规格C35，18cm厚，单侧路肩≥50cm宽，间隔130m，与砂石路相间。

5.3 作业辅道

作业辅道2.5～3m宽，砂石路规格泥夹石15cm厚，5cm瓜子片，单侧路肩≥50cm宽，间隔140m，与砼路相间。

6 保护地设施

要求不低于园区总面积40%，保护地设施可以是玻璃温室、塑料连栋温室、大棚、防虫网等。

6.1 玻璃温室

采用文洛结构，跨度8m，开间4m，长度40～50m，宽度视场地而定，每个温室不要超过10 000m²。配置外遮阳、湿帘风扇、内保温、苗床、水肥一体化设备、加热、天窗、物联网等系统。具体建设技术要求可参照2011年南京市设施农业技术要求玻璃温室部分。

6.2 塑料连栋温室

采用拱圆结构，跨度8m，开间4m，长度40～50m，宽度视场地而定，每个温室不要超过10 000m²。配置外遮阳、湿帘风扇、水肥一体化等系统。进行越冬栽培的温室配备内保温，适当配置加温系统。具体建设技术要求可参照2011年南京市设施农业技术要求塑料连栋温室部分。

6.3 大棚

可建成8m跨度和6m跨度大棚。

6.3.1 8m大棚

大棚的方向根据地势而定，最好为南北走向，长度40～60m，宽度根据地势而定。每个大棚间距不小于1.2m。

大棚的规格：8m跨度，拱管为φ32镀锌圆管，拱间距0.8m；顶高约3.2m；肩高约1.8m；左右边侧共4道卡槽；顶部采用3道纵拉杆，两边设带自锁装置的手动卷膜通风系统，卷膜高度约1.2m；通风处安装25目国产优质防虫网，上膜后每两根拱管间用压膜绳扣压，大棚两端安装移动门。

6.3.2 6m大棚

大棚的规格：6m跨度，拱管为φ25镀锌圆管，拱间距0.8m；顶高约2.5m；肩高约1.2m以上；左右边侧共2道卡槽；顶部采用3道纵拉杆，上膜后每两根拱管间用压膜绳扣压，大棚两端安装移动门。

6.4 防虫网

参照江苏省地方标准《大中型蔬菜钢架防虫网室建设规范》（DB32/T 1757—2011）的规定执行。

6.5 育苗中心

面积66.7hm²以上的园区需建立育苗中心。以有苗床的玻璃温室或连栋温室为基础，配备自动播种机、催芽室和自走式喷灌机。每66.7hm²的园区要求育苗能力不小于1 000万株/年。

6.6 功能区设置

6.6.1 农资存放库

每20hm²建设大型农资存放库，每2hm²建设小型农资、农具存放库以及化肥、农药存放库。

6.6.2 采后处理中心

每20hm²设150～200m²的初加工场所、80m³的高温贮藏库，要求主路直通处理中心。

6.6.3 产品检测

每20hm²设30m²的田头自检室。

6.6.4 沼气池

每2hm²配建一座24m³的沼气池。

7 栽培管理

7.1 品种选择

选用抗病、优质、高产、抗逆、商品性好、市场适销的品种，良种覆盖率达到100%。

7.2 培育壮苗

采用集约化育苗，集中培育和统一供应适龄壮苗。

7.3 肥水管理

按蔬菜作物需求，测土配方施肥，合理增施经过无害化处理的有机肥，符合NY 525的规定。肥料使用按照NY/T 496的规定执行。采用节水灌溉，水肥一体化技术，宜采用滴灌、微喷、膜下暗灌等技术。

7.4 病虫防控

按照"预防为主，综合防治"原则，合理轮作、嫁接育苗、棚室及土壤消毒，应用杀虫灯、性诱剂、防虫网、黏虫色板等技术，优先使用生物农药，实行统防统治。农药的使用按照GB 4285、GB/T 8321的规定执行。

7.5 产品采收

按照农药安全间隔期适时采收、净菜上市，达到商品菜要求。

7.6 田园清理

将植株残体、废旧农膜、农药、肥料包装瓶（袋）等废弃物和杂草清理干净，集中进行无害化处理。

8 采后处理

8.1 设施设备

配置整理、分级、包装、预冷等场地及必要设施设备。

8.2 分等分级

按照蔬菜等级标准进行分等分级。

8.3 包装与标识

产品应采用统一包装、标识，符合NY/T 1655的规定。包装材料符合GB 9693、GB 9687、GB 11680等卫生标准要求，不能对产品及环境造成二次污染。

9 产品要求

9.1 安全质量

符合GB 2762、GB 2763的规定要求。

9.2 产品认证

通过无公害农产品、绿色食品、有机食品、良好农业规范（GAP）认证或地理标志登记之一。

9.3 产品品牌

具有注册商标，统一销售。

10 质量管理

10.1 投入品管理

农药、肥料、种子等投入品的购买、存放、使用及包装容器回收处理，实行专人负责，建立进出库档案（格式参见附录A）。

10.2 档案记录

分蔬菜生产单元进行统一编号，建立蔬菜生产全程档案。档案记录保存2年以上（格式参见附录B）。

10.3 产品检测

配备农药残留检测仪器，建立自检制度，检测合格率应达到100%。

10.4 质量追溯

对标准园产地和产品实行统一编码管理，统一包装和标识，有条件的采用产品质量信息自动化查询。

11 标牌标识

按照统一要求树立标牌，标牌统一格式。

附 录 A

（资料性附录）

投入品管理记录表

				入 库						出 库				
种类	名称	厂家	采购时间	数量	采购人员	审核人	备注	领取部门	领取时间	数量	领取人员	库管签字	施用田编码
农药													
化肥													
种子													

附　录　B
（资料性附录）
生产档案记录表

生产者姓名：　　　　　　　　　　　　　　　　产品名称：

面积（hm²）		播种日期	
定植日期		种植方式	
灌溉方式（请在选择方式前打"✓"）		暗灌　滴管　喷灌　水肥一体化　其他	

	基肥			追肥			
	名称	时间	用量	次数	肥料名称	时间	用量（kg/hm²）
施肥情况				1			
				2			
				3			
	次数	防治对象	农药名称	施药时间	施药浓度	施药量（g）	
病虫害防治	1						
	2						
	3						
	次数	检测时间		检测结果		检测员	
农残检测	1			合格　超标			
	2			合格　超标			
	次数	采收时间		采收面积（hm²）		采收量（kg）	
采收记录	1						
	2						
	3						
	4						

填表人：　　　　　　　　　　　　　　　　　　农技人员签字：

本标准由南京市农业委员会提出并归口；

本标准起草单位：南京蔬菜学会、南京市农委蔬菜园艺处、南京市蔬菜科学研究所。

附录10　蔬菜机械化耕整地作业技术规范

1　范围

本标准规定了蔬菜机械化耕整地的术语和定义、作业条件、作业安全要求、作业质量和检测方法。

本标准适用于露地和设施的旱作条件下，采用垄（畦）作或平作方式的蔬菜种植前犁耕、旋耕、起垄（作畦）的单项或复式作业的过程。

2　规范性引用文件

下列文件对于本文件的引用是必不可少的。凡是注日期的引用文件，仅所注日期的版本适用于本文件。凡是不注日期的引用文件，其最新版本（包括所有的修改单）适用于本文件。

GB/T 5262—2008　农业机械试验条件　测定方法的一般规定

GB/T 5668—2008　旋耕机

GB 10395.1　农林机械　安全　第1部分：总则

GB 10395.5　农林机械　安全　第5部分：驱动式耕作机械

GB 10396　农林拖拉机和机械、草坪和园艺动力机械　安全标志和危险图形　总则

GB 18447.1　拖拉机　安全要求　第1部分：轮式拖拉机

GB/T 14225—2008　铧式犁

NY/T 499—2013　旋耕机作业质量

NY/T 742—2003　铧式犁作业质量

3　术语和定义

GB/T 5262—2008、NY/T 499—2013界定的以及下列术语和定义适用于本文件。

3.1　垄（畦）高　ridge height

垄（畦）顶至沟底的距离。

3.2　垄距（沟距）　ridge spacing

相邻两垄（畦）中心线的距离。

3.3　垄（畦）顶宽　B_1 width of ridge surface

相邻两条沟的沟壁与垄顶面交线之间的垂直距离。

3.4　垄（畦）底宽　B_2 width of ridge bottom

相邻两条沟的沟壁与相邻沟底面交线的垂直距离。

3.5　沟顶宽　D_1 width of ditch top

相邻沟壁上口与垄面交线之间的垂直距离。

3.6　沟底宽　D_2 width of ditch subface

相邻沟壁下口与沟底面交线的垂直距离。

3.7　旋耕后碎土率　cracked clod rate after rotary tillage

在规定的单位耕层内，长边小于或等于3cm的土块质量占总土块质量的百分比。

3.8　旋耕后地表平整度　soil surface planeness after rotary tillage

旋耕机作业后，耕后地表几何形状高低不平的程度。

3.9　起垄碎土率　cracked clod rate for ridge forming

在规定的单位耕层内，长边小于或等于2cm的土块质量占总土块质量的百分比。

3.10　垄高合格率　eligibility rate of ridge height

起垄作业后，垄高合格数占总测定数的百分比。

3.11　垄顶宽合格率　eligibility rate of width of ridge surface

起垄作业后，垄顶宽合格数占总测定数的百分比。

3.12　垄距合格率　eligibility rate of ridge spacing

起垄作业后，垄距合格数占总测定数的百分比。

3.13　垄顶面平整度　planeness of ridge surface

起垄作业后，垄顶面相对水平基准面的起伏程度。

3.14　沟底面平整度　planeness of ditch subface

起垄作业后，沟底面相对水平基准面的起伏程度。

3.15　垄体直线度　straightness of ridge

起垄作业后，垄体中心与基准线距离标准差的平均值。

4　作业条件

4.1　田间条件

4.1.1 适宜耕整地作业的土壤绝对含水率在15% ～ 25%。

4.1.2 犁耕作业前茬作物的留茬高度或地表覆盖植被长度应不大于25cm。

4.1.3 旋耕作业前茬作物的留茬高度或地表覆盖植被长度应不大于10cm。

4.1.4 起垄作业应在旋耕过的地块上进行或用复式作业机与旋耕同时进行。

4.2　机具一般要求

4.2.1 机具性能应符合GB/T 5668—2008、GB/T14225—2008、GB 18447.1的产品质量要求。

4.2.2 安全防护和警示标志应符合GB 10395.1、GB 10395.5、GB 10396相应产品的质量要求；机具应有较好的可靠性。

4.2.3 配套动力应与产品和作业要求相匹配。

4.2.4 根据蔬菜种植农艺要求、田块规模、土壤条件、设施条件等因素综合考虑，合理选择机具和作业模式。

4.3　作业人员要求

根据作业需要配备操作人员和辅助人员。操作人员应经过专业技术培训合格，熟悉安全作业要求、机具性能、调整使用方法及农艺要求；辅助人员应具备基本的作业和安全常识。

5 作业安全要求

5.1 机具使用前必须认真检查技术状况，加注润滑油（按说明书指示），确保技术状态正常。

5.2 正确悬挂、连接配套机具，有万向节传动的机具工作时万向节传动轴的夹角不得超过±15°，地头转弯时不得大于25°，长距离运输时应拆除传动轴。

5.3 连接、悬挂机具时和停机检查、维修时，必须切断动力。

5.4 机具空车试运转时，人与机具应保持足够的安全距离，严禁机具上载物，严禁接近旋转部分。

5.5 机具进行道路运输时，应切断动力，并将机具提升到最大高度；机具进行田间运输时，应降低速度，防止发生事故。

5.6 作业时，严禁机具先入土后接合动力输出轴，或急剧下降机具，以防损坏拖拉机或机具的传动件。作业速度应根据土壤条件合理选定。

5.7 机具在地头转弯、倒车或转移过地埂时，应将机具提起，减速行驶。

5.8 工作时，操作人员应提高警惕，听到异常响声，应立即切断动力，停车检查，排除故障。

5.9 设施内作业时，应做好通风；机具外侧的旋耕刀等部件避免碰到设施的拱杆、立柱、基础等。

6 作业质量

6.1 犁耕

6.1.1 作业

（1）配套拖拉机驱动轮滑转率不大于20%。

（2）犁的入土角应适宜，使铧式犁容易入土，不产生严重的钻土现象，入土后犁架保持水平。

（3）机具作业速度应符合产品说明书要求，且保持匀速直线行驶。

（4）犁耕后田角余量少，田间无明显漏耕，没有二次回耕、壅土、壅草现象。

6.1.2 作业质量

作业质量指标应符合表1的要求。

表1 犁耕作业质量指标

序号	项 目	指标要求
1	耕深	符合农艺要求
2	耕深变异系数（%）	≤10
3	植被覆盖率（%）	≥85

6.2 旋耕

6.2.1 作业

（1）机具起步前，应在小油门下待刀辊转速稳定后，再逐渐加大油门。接合行走离合器和机具起步时，应缓慢降落刀辊，逐步达到要求耕深，避免刀辊和机具超载。

（2）机具作业速度应符合产品说明书要求，且保持匀速直线行驶。

（3）避免中途停机和变速行驶，以尽量降低耕深不稳定性。

（4）为保证转弯时安全，应留有适当的地头长度。

（5）旋耕后田角余量少，田间无明显漏耕、壅土、壅草现象。

6.2.2 作业质量

作业质量指标应符合表2的要求。

表2　旋耕作业质量指标

序号	项　目	指标要求
1	耕深（cm）	≥15
2	耕深稳定性（%）	≥85
3	植被覆盖率（%）	≥65
4	旋耕后碎土率（%）	≥80
5	旋耕后地表平整度（cm）	≤5

6.3 起垄

垄（畦）的形状及各参数见附录A。

6.3.1 作业

（1）正式作业前，应根据蔬菜品种及其种植行距等农艺要求，选择合适的起垄垄距和机具。90cm垄距的垄体适宜草莓等作物，可选用起垄垄顶宽适宜、作业幅宽接近90cm的起垄机；120cm垄距或150cm垄距的垄体适合黄瓜、番茄、辣椒等作物，可分别选用起垄垄顶宽适宜、作业幅宽接近120cm或150cm的起垄机；180cm垄距的垄体适合生菜、小白菜等作物，可选用起垄垄顶宽适宜、作业幅宽接近180cm的起垄机。

（2）正式作业前，应根据作业田块形状和大小、设施跨度，规划合理的垄体分布和作业路线，减少空驶行程。

（3）正式作业前，可通过划线、地头放置垄体中心线标志等方式，提高作业垄体直线度，保持垄距的一致性。

（4）作业过程中应保持匀速直线行驶，避免中途停机和变速行驶。

（5）起垄作业后垄形完整，垄沟回土、浮土少，垄体土壤上层细碎紧实，下层粗大松散。

6.3.2 作业质量

作业质量指标应符合表3的要求。

表3　起垄作业质量指标

序号	项　目	指标要求			
1	垄距 L（cm）	90	120	150	180
2	垄顶宽 B_1（cm）	35～70	70～100	100～130	130～160
3	垄高 H（cm）	符合农艺要求			
4	沟底宽 D_2（cm）	20～40			
5	垄高合格率（%）	≥80			
6	垄顶宽合格率（%）	≥80			
7	垄距合格率（%）	≥80			
8	起垄碎土率（%）	≥85			
9	垄顶面平整度（cm）	≤2			
10	沟底面平整度（cm）	≤5			
11	垄体直线度（cm）	≤10			

注：本表中对起垄作业质量指标的要求也适用于作畦，相互等同的名称见附录A。

6.4　作业流程

6.4.1　当土壤板结严重时，选用犁耕→旋耕→起垄。

6.4.2　当土壤板结严重，且有复式作业机时，可选用犁耕→旋耕起垄复式作业。

6.4.3　当土壤板结轻微，可选用旋耕→起垄。

6.4.4　当土壤板结轻微，且有复式作业机时，可选用旋耕起垄复式作业。

7　检测方法

7.1　检测准备

7.1.1　测区的确定

　　试验地应根据试验样机的适应范围，选择当地有代表性的田块；田块各处的试验条件要基本相同；田块的面积应能满足各测试项目的测定要求；测区长度不小于20m，并留有适当的稳定区。

7.1.2　测点的确定

　　按照GB/T 5262中4.2规定的五点法，在作业稳定区确定测点。机组作业一个单趟为一个行程，每个测区取不少于3个行程测定，相邻行程要间隔一定距离，保证测定不受干扰。测点的数量按不同的项目确定。

7.1.3　检测用仪器、设备

　　试验所用的仪器、设备需检查校正，计量器具应在规定的有效检定周期内。

7.2 作业质量检测

7.2.1 犁耕

耕深、耕深变异系数和植被覆盖率按GB/T 14225的5.2.2.1和5.2.2.4进行。

7.2.2 旋耕

7.2.2.1 耕深、耕深稳定性

按GB/T 5668的7.1.3.1、7.1.3.2测定。

7.2.2.2 植被覆盖率

按GB/T 5668的7.1.3.4测定。

7.2.2.3 旋耕后碎土率

在已耕地上测定0.5 m×0.5 m面积内的全耕层土块，土块大小按其最长边分为≤3cm、>3cm两级，并以≤3cm的土块质量占总质量的百分比为碎土率。每一行程测定1点，计算3个行程共3点的平均值。

7.2.2.4 旋耕后地表平整度

按GB/T 5668的7.1.3.5测定。

7.2.3 起垄

起垄作业质量指标检测方法见附录B。

附 录 A
（资料性附录）
垄（畦）的形状及各参数

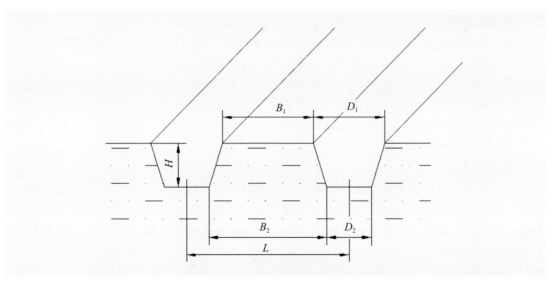

图1 垄（畦）的形状及各参数

L——垄距（沟距） H——垄高（畦高） B₁——垄顶宽（畦顶宽）
B_2——垄底宽（畦底宽） D_1——沟顶宽 D_2——沟底宽

附 录 B
（规范性附录）
起垄作业质量指标检测方法

B.1 垄距、垄高和垄顶宽

（1）垄距 测量相邻两沟底中心点之间的距离，作为测量点垄距。每个行程随机测定5点，三个行程共15点，计算总平均值。

（2）垄高 以垄顶面一边的垄壁和垄顶面交线为基准，放一水平直尺，测量沟底中心点到直尺的距离作为测量点垄高。每个行程随机测定5点，3个行程共15点，计算总平均值。

（3）垄顶宽 测量垄顶面与两垄壁交线之间的横向距离，作为测量点垄顶宽。每个行程随机测定5点，3个行程共15点，计算总平均值。

B.2 沟底宽

测量沟底面与垄壁交线的横向距离作为测量点垄顶宽。每个行程随机测定5点，3个行程共15点，计算总平均值。

B.3 垄高合格率

每行程随机测5点，每点在垄宽方向测取1个数值，3个行程共15个垄高数值，以农艺要求的垄高H±2cm为合格，合格数占总测定数的百分数为垄高合格率。

B.4 垄顶宽合格率

每行程随机测5点，每点在垄宽方向测取1个数值，3个行程共15个垄顶宽数值，以农艺要求的垄宽B1±2cm为合格，合格数占总测定数的百分数为垄顶宽合格率。

B.5 垄距合格率

每行程随机测5点，每点在垄宽方向测取1个数值，3个行程共15个垄距数值，以农艺要求的垄距L±2cm为合格，合格数占总测定数的百分数为垄距合格率。

B.6 起垄碎土率

在垄面上测定0.5m×0.5m面积内的垄面以下5cm耕层内土块，土块大小按其最长边分为≤2cm、>2cm两级，并以≤2cm的土块质量占总质量的百分比为碎土率。每一行程测定1点，计算3个行程共3点的总平均值。

B.7 垄顶面平整度

沿垂直于起垄作业方向，在垄面最高点之上取一水平基准线，以机具作业幅宽取一定宽度，分为10等分，测定各等分点上水平基准线与垄面的垂直距离，计算其平均值和标准差，并以标准差的平均值表示其垄顶面平整度。每一行程测定1点，计算3个行程共3个测点的平均值和标准差。

B.8 沟底面平整度

沿垂直于起垄作业方向，在沟底面最高点之上取一水平基准线，在沟底面取一定宽度，分为5等分，测定各等分点上水平基准线与沟底面的距离，计算其平均值和标准差，并以标准差的平均值表示沟底面平整度。每一行程测定1点，计算3个行程共3个测点的平均值和标准差。

B.9　垄体直线度

沿起垄作业方向，以测区（不足20m按实际长度）两端中点为端点，拉一直线为基准线，双垄作业按一个整体测定，测定垄体中心偏离基准线的距离，计算其平均值和标准差，并以标准差的平均值表示垄体直线度。每行程随机测10点，计算3个行程共30个点的平均值和标准差。

本标准由江苏省农业机械管理局提出；

本标准由江苏省农业机械标准化专业技术委员会归口；

本标准起草单位：农业部南京农业机械化研究所、盐城市盐海拖拉机制造有限公司。

附录11 菠菜全程机械化生产技术规程

1 范围

本标准规定了菠菜（*Spinacia oleracea* Linn）生产耕整地、种植、田间管理、收获四个环节的机械化作业的机具选择、作业要点、作业质量的基本要求。

本标准适用于长江中下游和汉江流域地区菠菜生产的机械化作业，其他地区可参考引用。

2 规范性引用文件

下列文件对于本文件的引用是必不可少的。凡是注日期的引用文件，仅所注日期的版本适用于本文件。凡是不注日期的引用文件，其最新版本（包括所有的修改单）适用于本文件。

GB/T 5668—2008 旋耕机

GB/T 8321 农药合理使用准则

GB 10395.5 农林机械 安全 第5部分：驱动式耕作机械

GB 10395.9 农林拖拉机和机械 安全技术要求 第9部分：播种、栽种和施肥机械

GB 10395.10 农林拖拉机和机械 安全技术要求 第10部分：手扶（微型）耕耘机

GB 16715.5 瓜菜作物种子 第5部分：绿叶菜类

GB 18447.1 拖拉机 安全要求 第1部分：轮式拖拉机

GB/T 50485—2009 微灌工程技术规范

NY/T 740—2003 田间开沟机作业质量

NY 1135 植保机械 安全认证通用要求

NY 2609 拖拉机 安全操作规程

NY/T 2624—2014 水肥一体化技术规范 总则

NY 2800 微耕机 安全操作规程

3 耕整地

3.1 旋耕

3.1.1 机具选择

根据菜地土壤条件、田块规模等因素综合考虑，合理选择机具和作业工艺。机具应符合GB/T 5668—2008、GB 10395.5、GB 10395.10、GB 18447.1规定的要求。

3.1.2 作业要点

（1）作业前，用撒肥机按农艺要求施足底肥。

（2）耕整作业应符合NY 2609、NY 2800规定的要求

（3）适时耕作。前茬作物收获后，应适时灭茬，选择土壤含水率在15%～25%的适耕期内进行耕整作业。

（4）棚内作业时，提前将大棚侧膜卷起1m以上；机具外侧的旋耕刀避免碰到温室的拱杆、立柱、基础。作业速度应根据土壤条件合理选定，作业到地头转弯或转移过地埂时，应将机具提起，减速行驶。

3.1.3 作业质量

（1）旋耕作业深度8～15cm，作业耕深合格率≥90%，耕深均匀一致，表土细碎、松软，符合农艺要求。

（2）作业后地头、地边整齐一致，整地表面无杂物，平整度≤4cm，碎土率≥85%，不得漏耕。

3.2 作垄

3.2.1 机具选择

选用动力适宜的机械配套起垄机或开沟机。

3.2.2 作业要点

（1）作业前检查各部分的连接情况，确认机具调整是否符合作业要求。

（2）提前用直线标注机具的作业轨迹。

（3）机具作业时，严格按照说明书的要求进行操作。

3.2.3 作业质量

（1）机械开沟作业质量符合NY/T 740—2003的标准。

（2）成垄的形状和截面符合设计要求，垄形一致性≥95%，垄距偏离≤5cm。

4 播种

4.1 机具选择

播种机选择符合GB 10395.9的要求，适应各类菠菜种子，一次作业完成开沟、播种、覆土、镇压的功能，调整行距9～20cm，株距2.5～12cm，开沟深度2～3cm，每667m^{2}用种1～4kg。

4.2 作业要点

（1）在播种作业前，应按照说明书对机具进行检查调整。

（2）种子质量符合GB 16715.5的要求，播种前按农艺要求进行处理。

（3）播种机工作时应匀速前进；大棚作业时，从两边开始，最后在中间进行作业。

4.3 作业质量

（1）播种粒距均匀，漏播率≤3%，重播率≤5%。

（2）播行50m长度范围内，其直线度误差≤5cm。

5 田间管理

5.1 微灌

5.1.1 机具选择

符合GB/T 50485—2009规定的要求。

5.1.2 作业要点

（1）在微灌作业前，按要求对设备进行检查调整。

（2）水肥一体化。按NY/T 2624—2014要求执行。

5.1.3 作业质量

灌水小区流量和灌水器流量的实测平均值与设计值的偏差≤15%，微灌系统的灌水均匀系数≥0.8。

5.2 植保

5.2.1 机具选择

根据地块的特征选择适宜的植保机械，选择机具符合NY 1135要求。

5.2.2 作业要点

（1）农药的使用应符合GB/T 8321的要求，并符合农业部现行公告标准。

（2）使用前做好植保机具各部件的检查调整，严格按照说明书的要求进行操作。

5.2.3 作业质量

喷洒雾化性能良好，飘移少，附着性能好，覆盖均匀，达到农艺要求。

6 收获

6.1 机具选择

选择菠菜专用收获机。

6.2 作业要点

（1）在收获作业前，按说明书要求对机具进行检查调整。

（2）待菠菜生长整齐一致，达到采收要求时即可收获；大棚作业时先从中间开始，再依次向外收获。

6.3 作业质量

（1）机械收获作业时，完整保留菠菜根部，菜叶无损伤。

（2）综合损失率≤5%，破损率≤5%。

本标准由湖北省农机局提出并归口；

本标准起草单位：武汉市农业机械化技术推广指导中心、武汉大地丰收农业机械专业合作社。

附录12　鸡毛菜机械化生产技术规范

1　范围

本规范规定了上海地区鸡毛菜机械化生产中产地环境、农业投入品、栽培技术、采收等要求。本规范适用于上海地区鸡毛菜机械化生产。

2　规范性引用文件

下列文件对于本规范的引用是必不可少的。凡是注日期的引用文件，仅所注日期的版本适用于本规范。凡是不注明日期的引用文件，其最新版本（包括所有的修改单）适用于本规范。

GB 5084—2005　农田灌溉水质标准

GB/T 8321.9—2009　农药合理使用准则（九）

GB 15063—2009　复混肥料（复合肥料）

GB 15618—2008　土壤环境质量标准

GB 16715.5—2010　瓜菜类种子　第5部分：绿叶菜类

NY 525—2012　有机肥料

NY/T 1276—2007　农药安全使用规范　总则

NY/T 2798.3—2015　无公害农产品　生产质量安全控制技术规范　第3部分：蔬菜

NY/T 5295—2015　无公害农产品　产地环境评价标准

3　术语和定义

下列术语和定义适用于本规范。

3.1　商品有机肥

商品有机肥是指产品按规定的工艺要求生产，包括合理的畜禽粪便配料，添加必要的以秸秆为主的辅料，实施加菌加氧经一定周期发酵，达到均质化、无害化、腐殖化的肥料。

3.2　农业投入品

农业投入品是指在农产品生产过程中使用和添加的物质，包括种子、肥料、农药、兽药、饲料和饲料添加剂等农用生产资料产品，以及农膜、农业工程设施设备等农用工程物资产品。

3.3　机械化生产

绿叶蔬菜机械化生产是指在绿叶菜生产过程中使用大、小型机械进行生产的一种机械化作业方式。

4　产地环境

生产基地周边环境应无污染物。农田土壤环境、大气、灌溉水质质地符合GB 5084—2005和NY/T 5295—2015的规定。

5　农业投入品

5.1　肥料

5.1.1　复混肥料

应符合GB 15063—2009的规定。

5.1.2　有机肥料

应符合NY 525—2012的规定。

5.2　农药

农药使用应符合NY/T1276—2007的规定。

6　栽培技术

6.1　品种选择

选择适宜机械化采收的鸡毛菜品种，主要有新夏青6号、新夏青5号、机收1号等。

6.2　播种日期

根据不同绿叶蔬菜品种的生长习性确定适宜的播种日期，其中鸡毛菜宜选择在3月初至10月初播种。

6.3　施肥

有机肥的施用：施用充分腐熟的商品有机肥，每667m²施用1t，每年施用两次。

基肥的施用：作畦前使用205型拖拉机配套施肥机撒施硫酸钾型复合肥（N：P₂O：K₂O=15：15：15）与尿素，施肥时拖拉机从棚的左侧或右侧开始撒施，以保证施肥均匀，每667m²撒施硫酸钾型复合肥20kg。

6.4　精细化整地、作畦技术

6.4.1　深翻

（1）适用机具：采用三铧犁或四铧犁进行深翻，可根据生产情况每年深翻1～2次。

（2）深耕深度25cm以上，深浅一致。

（3）实际耕幅与犁耕幅一致，避免漏耕、重耕。

（4）机具必须合理配套，正确安装，正式作业前必须进行试运转和试作业；建议深耕的同时应配合施用有机肥，以利用培肥地力。

6.4.2　耕整地

深翻结束后应适时平整土地、精细旋耕，以达到土地平整、细碎的效果。可选用黄海金马354D拖拉机配套上海康博实业有限公司的灭茬机（1GQ-145）进行旋耕及整地，耕层深度可达20cm以上，可以使土壤有效翻耕，促进叶菜根系的生长。

6.4.3　作畦

可选用无锡悦田农业机械科技有限公司生产的YTLM-120作畦机，可同时完成旋耕、起垄的作业功能，每小时作畦面积1 334～2 000m²。作畦后畦底宽1.4m，畦面宽1.1m，畦高15.0cm，沟宽为20～40cm，畦面较为平整，可满足后续精量播种及机械化采收的要求。

6.5　精量播种技术

可选用璟田2BS-JT系列播种机条播并镇压，播种幅宽1.1m，播种行数为13行，行距

8.5cm，鸡毛菜每667m² 用种量1.5 ~ 2.5kg。

6.6 肥水一体化管理技术

播种后应及时喷水，看到沟内有明显积水时即停止喷水，此后可依天气情况于出苗5d后，采用比例式施肥泵实施浇水、施肥，肥料一般采用叶菜专用水溶肥，每667m² 施用10 ~ 15kg（或根据具体肥料用量施用），在鸡毛菜生长期根据生长情况喷1 ~ 2次。采收前3 ~ 5d不再进行施肥、浇水，以降低田间湿度，保证鸡毛菜的正常采收上市。

6.7 病虫害防治技术

贯彻"预防为主，综合防治"的植保方针，推广应用绿色防控技术，科学合理使用化学农药，保证绿叶蔬菜的安全生产。在生产过程中使用杀虫灯、黄板、性诱剂、诱捕器等绿色防控措施防治害虫。

6.7.1 农业防治

合理安排轮作，及时清洁田园。

6.7.2 物理防治

用黄板、性诱剂、诱捕器、频振式杀虫灯杀灭成虫，用防虫网覆盖防虫。

6.7.3 化学防治

6.7.3.1 病害种类及防治

主要病害有猝倒病、霜霉病等。

猝倒病：用30%恶霉灵水剂1 000 ~ 1 500倍液于出苗后防治1次。

霜霉病：用687.5g/L氟菌·霜霉威悬浮剂（银法利）500 ~ 800倍液或75%丙森·霜脲氰水分散粒剂（驱双）500 ~ 1 000倍液交替防治1 ~ 2次。

6.7.3.2 虫害种类及防治

主要虫害有黄曲条跳甲、蚜虫、甜菜夜蛾、斜纹夜蛾等。

黄曲条跳甲：先用黄板+跳甲性诱剂于出苗后进行物理防治，然后根据虫害发生情况可用28%杀虫·啶虫脒可湿性粉剂（甲王星）800 ~ 1 000倍液防治1 ~ 2次。

蚜虫：可用10%氯噻啉可湿性粉剂（江山）1 500 ~ 3 000倍液或20%烯啶虫胺水分散粒剂（刺袭）3 000倍液交替防治1 ~ 2次。

甜菜夜蛾、斜纹夜蛾：可用150g/L茚虫威乳油（凯恩）1 500 ~ 3 000倍液或5%氯虫苯甲酰胺悬浮剂（普尊）1 000倍液交替防治1 ~ 2次。

6.8 收割技术

一般鸡毛菜播种后16 ~ 25d即可采收（采收时间视不同季节而有所变化）。可选用上海市农机研究所研制的叶菜收割机、上海仓田精密机械制造有限公司的电动绿叶菜收割机或意大利浩泰克公司生产的叶菜收割机（SLIDE FW120型）进行采收，作业效率可达1 000m²/h。

7 上市

鸡毛菜机械采收后可直接上市。

本标准起草单位：上海市农业科学院。

主要参考文献

陈永生，胡桧，肖体琼，等，2014. 我国蔬菜生产机械化发展现状及对策 [J]. 中国蔬菜 (10):1-5.

崔思远，肖体琼，陈永生，等，2016. 日本蔬菜生产机械化发展模式与启示 [J]. 中国蔬菜 (2):1-5.

王晓燕，李洪文，2009. 固定道保护性耕作技术原理与实践 [M]. 北京：中国农业科学技术出版社.

肖体琼，何春霞，曹光乔，等，2015. 机械化生产视角下我国蔬菜产业发展现状及国外模式研究 [J]. 农业现代化研究 (5):857-861.

肖体琼，何春霞，崔思远，等，2016. 蔬菜生产机械化作业工艺研究 [J]. 农机化研究 (3):259-262.

MCPHEE J E, AIRD P L. 2013. Controlled traffic for vegetable production//Part 1. Machinery challenges and options in a diversified vegetable industry [J]. Biosystems Engineering, 2:144-154.

MCPHEE J E, AIRD P L, HARDIE M A, et al. 2015. The effect of controlled traffic on soil physical properties and tillage requirements for vegetable production [J]. Soil & Tillage Research, 2:33-45.

PRASANNA KUMAR G V, RAHEMAN H. 2011. Development of a walk-behind type hand tractor powered vegetable transplanter for paper pot seedlings [J]. Biosystems engineering, 2:189-197.

VERMEULEN G D, MOSQUERA J. 2009. Soil, crop and emission responses to seasonal-controlled traffic in organic vegetable farming on loam soil [J]. Soil & Tillage Research, 1:126-134.

图书在版编目（CIP）数据

蔬菜生产机械化范例和机具选型 / 陈永生，李莉主
编．—北京 ：中国农业出版社，2017.10
ISBN 978-7-109-23439-0

Ⅰ．①蔬… Ⅱ．①陈… ②李… Ⅲ．①蔬菜园艺－机
械化生产 Ⅳ．①S63

中国版本图书馆CIP数据核字(2017)第253370号

中国农业出版社出版
（北京市朝阳区麦子店街18号楼）
（邮政编码 100125）
责任编辑 孟令洋 郭晨茜

北京通州皇家印刷厂印刷 新华书店北京发行所发行
2017年10月第1版 2017年10月北京第1次印刷

开本：787mm×1092mm 1/16 印张：11.25
字数：250 千字
定价：60.00 元
（凡本版图书出现印刷、装订错误，请向出版社发行部调换）